Wolfgang J. Friedl

Rechenzentrums-Sicherheit

Springer-Verlag Berlin Heidelberg GmbH

Wolfgang J. Friedl

Rechenzentrums-Sicherheit

Sicherheitstechnische Beurteilung,
Maßnahmen gegen Gefährdungen

Mit 88 Abbildungen

 Springer

Ingenieurbüro für Sicherheitstechnik
Dr.-Ing. Wolfgang J. Friedl
Telramundstraße 6
D - 81925 München

ISBN 978-3-642-63799-5

Die Deutsche Bibliothek – CIP-Einheitsaufnahme
Friedl, Wolfgang: Rechenzentrums-Sicherheit: sicherheitstechnische Beurteilung, Maßnahmen gegen Gefährdungen / Wolfgang Friedl. -Berlin; Heidelberg; New York; Barcelona; Budapest; Hongkong; London; Mailand; Paris; Santa Clara; Singapur; Tokio: Springer; 1998
ISBN 978-3-642-63799-5   ISBN 978-3-642-58942-3 (eBook)
DOI 10.1007/978-3-642-58942-3
Dieses Werk ist urheberrechtlich geschützt. Die dadurch begründeten Rechte, insbesondere die der Übersetzung, des Nachdrucks, des Vortrags, der Entnahme von Abbildungen und Tabellen, der Funksendung, der Mikroverfilmung oder der Vervielfältigung auf anderen Wegen und der Speicherung in Datenverarbeitungsanlagen, bleiben, auch bei nur auszugsweiser Verwertung, vorbehalten. Eine Vervielfältigung dieses Werkes oder von Teilen dieses Werkes ist auch im Einzelfall nur in den Grenzen der gesetzlichen Bestimmungen des Urheberrechtsgesetzes der Bundesrepublik Deutschland vom 9. September 1965 in der jeweils geltenden Fassung zulässig. Sie ist grundsätzlich vergütungspflichtig. Zuwiderhandlungen unterliegen den Strafbestimmungen des Urheberrechtsgesetzes.

© Springer-Verlag Berlin Heidelberg 1998
Originally published by Springer-Verlag Berlin Heidelberg New York in 1998
Softcover reprint of the hardcover 1st edition 1998

Die Wiedergabe von Gebrauchsnamen, Handelsnamen, Warenbezeichnungen usw. in diesem Werk berechtigt auch ohne besondere Kennzeichnung nicht zu der Annahme, daß solche Namen im Sinne der Warenzeichen- und Markenschutz-Gesetzgebung als frei zu betrachten wären und daher von jedermann benutzt werden dürften.

Einbandgestaltung: Struve & Partner, Heidelberg
Satz/Datenkonvertierung: MEDIO, Berlin
SPIN: 10670653   62/3020 – Gedruckt auf säurefreiem Papier

Inhaltsverzeichnis

1 Die wirtschaftliche Bedeutung der Schutzmaßnahmen
   für EDV-Anlagen. 1
2 Voraussetzungen und Anforderungen an die sicherheits-
   gerechte Konzipierung eines Hochsicherheitsbereichs 9
3 Unterschiedliche Gefährdungen für Rechenzentren 21
   3.1 Einbruch/Diebstahl, Sabotage und Vandalismus 23
   3.2 Brand, Verrauchung. 25
   3.3 Fehlfunktionen in der Klimatisierung 32
   3.4 Wassereinbruch. 34
   3.5 Elektrische Versorgung. 35
        3.5.1 Aufrechterhaltung der Stromversorgung 36
        3.5.2 Überspannungen und Blitzschlag. 37
   3.6 Datenverlust. 39
   3.7 Sonstige Gefahren 41
4 Mögliche Analysemethoden 45
5 Schema der konkreten Risiko- und
   Schutzniveauermittlung. 59
   5.1 Maßnahmen gegen Einbruch, Diebstahl,
        Sabotage und Vandalismus 59
   5.2 Maßnahmen gegen Feuer und Verrauchung. 88
   5.3 Maßnahmen gegen Fehlfunktionen der
        Klimatisierung. 126
   5.4 Maßnahmen gegen Beschädigungen durch
        Wasser bzw. fehlerhafte Versorgung 143
   5.5 Maßnahmen zur Aufrechterhaltung der
        gleichbleibenden Stromversorgung 149

5.6 Maßnahmen gegen Datenverlust. 168
5.7 Sonstige sicherheitsrelevante Kriterien 182
5.8 Zusammenfassende Benotung der analysierten
 Risiken 189

6 Sicherheitsmanagement: Organisation und Realisierung
 der sicherheitstechnischen Maßnahmen 197

7 Sicherheitsgerechter EDV-Betrieb 201

8 Organisatorische Schritte zur permanenten Beibehaltung
 des Niveaus des ursprünglich entworfenen
 Sicherheitskonzepts 209
 8.1 Menschliche Aspekte. 210
 8.2 Technische Maßnahmen 213

9 Katastrophenvorsorge 215
 9.1 Katastrophenplan 216
 9.2 Backup-Konzepte. 219
 9.3 Versicherungskonzepte für Hochsicherheitsbereiche 222

10 Schlußworte und Aussicht 227

Sachverzeichnis. 229

1 Die wirtschaftliche Bedeutung der Schutzmaßnahmen für EDV-Anlagen

Seit Beginn der modernen Welt nach dem 2. Weltkrieg stellt man weltweit das gleiche Phänomen fest: Es findet ständig eine Steigerung der Wertkonzentrationen einerseits und eine absolute Wertzunahme andererseits statt, bereits binnen 7 Jahren in allen Industriezweigen um den Faktor 1,7. Gründe hierfür sind in vielerlei Bereichen zu suchen. Moderne just-in-time-Produktionen senken die Kosten, so lange es zu keinem Unfall kommt, weil Lagerungskosten wegfallen; sobald es aber zu einem Schaden kommt, steigen die Folgekosten unverhältnismäßig stark an. Bis 1998 wollten über 20 % aller europäischen Unternehmen, die bisher nicht just-in-time produzieren, auf zeitgetaktete Anlieferung umstellen, die Tendenz ist weiterhin stark steigend; die Lagerbestände sollen dadurch drastisch reduziert werden. EDV-gesteuerte Produktionsmaschinen und komplexe Produktionsstraßen oder Hochregallager stellen heute meist ein Maximum an Wertkonzentrationen mit steigender Bedeutung dar. Die Ursache liegt in der Abhängigkeit verschiedenartiger Unternehmensrisiken wie Produktion, Transport, Absatz und Logistik: Eine Stunde Ausfall kann bereits direkt und indirekt Millionenschäden anrichten, die erstens nicht anderweitig aufgefangen werden können und die zweitens oft auch nicht versicherbar sind.

Das gesteigerte Sicherheitsbedürfnis ist in der modernen Industriegesellschaft nicht nur schlichte Notwendigkeit, sondern auch als das Ergebnis der emanzipatorischen Selbstverfügung des Menschen zu sehen, eine sicherlich prinzipiell positiv zu beurteilende Entwicklung. Wirtschaftlich konkret sprechen die Zahlen der deutschen Feuerversicherer, die ständig mehr für Schäden aufbringen müssen: Binnen 11 Jahre um mehr als das Doppelte, bei sich rückläufig entwickelnden Prämien. Jedes Jahr wieder werden in Deutschland EDV-Anlagen und Rechenzentren allein durch Feuer, Vandalismus, Überschwemmung oder durch eine andere Ursache vernichtet, woraus sich eine wirtschaftliche Bedrohung für das gesamte Unternehmen entwickeln kann – vom weiteren betriebswirtschaftlichen Schaden in davon abhängigen, anderen Unternehmen und vom volkswirtschaftlichen Schaden einmal ganz abgesehen; aus diesem Grund investieren stark von der EDV abhängige Unternehmen hohe Summen in den Schutz der elektronischen Anlagen, wie beispielsweise in das Hochsicherheits-RZ in Abb. 1.

Erhöhte Sicherheit ist nicht nur ein technisch und organisatorisch zu realisierendes Thema, es ist vor allem ein humanitär wichtiges und wirtschaftlich notwendiges Thema, wie auch tägliche Unfallfolgekosten von heute weit über 30 Mio. DM in Deutschland belegen.

Kein Unternehmen kann heute ohne moderne Technik bestehen. Die Abhängigkeiten von Strom, Telefon und Telefax, Klimatisierung und Beheizung, elektronischer Datenverarbeitung und anderer Systeme lassen sich vom Anwender oftmals erst dann erkennen, wenn eine technische Einrichtung plötzlich nicht mehr zur Verfügung steht; selbst kurzfristige Unterbrechungen können bereits extreme Schäden anrichten. In Deutschland sind momentan mehr als 8.000 Großrechenanlagen (Rechenzentren) vorhanden, viele von diesen bilden das lebensnotwendige Zentrum des Unternehmens. Deshalb ist die Aufteilung auf nur einen Gefahrenbereich (Brandbereich) ein oft nicht mehr zu tragendes Risiko, denn auch bei entsprechenden sicherheits-

Abb. 1 Hochwertig gegen viele Gefahren gesichertes RZ-Gebäude einer Versicherung

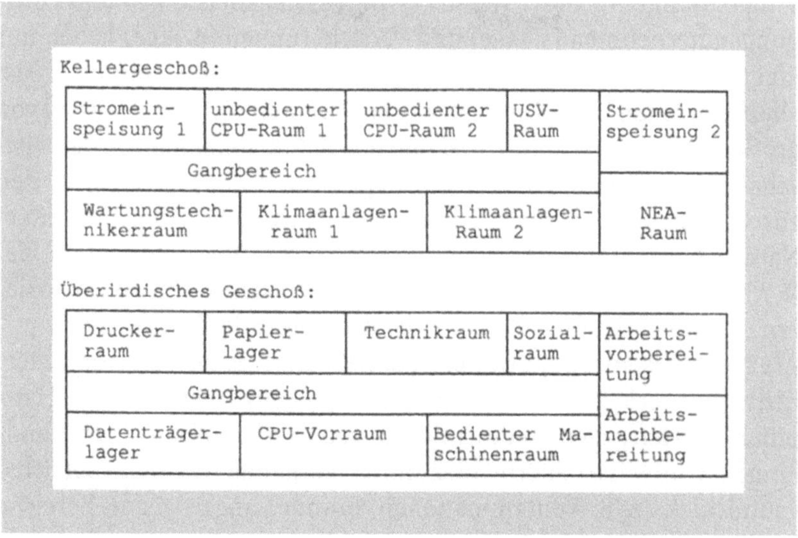

1 Die wirtschaftliche Bedeutung der Schutzmaßnahmen

```
Kellergeschoß:
┌──────────┬──────────┬──────────┬─────┬──────────┐
│Stromein- │unbedient.│unbedient.│USV- │Stromein- │
│speisung 1│CPU-Raum 1│CPU-Raum 2│Raum │speisung 2│
├──────────┴──────────┴──────────┴─────┤          │
│         Gangbereich                  │          │
├──────────┬──────────┬────────────────┼──────────┤
│Wartungs- │Klimaanl.-│ Klimaanlagen-  │  NEA-    │
│techniker-│ raum 1   │   Raum 2       │  Raum    │
│raum      │          │                │          │
└──────────┴──────────┴────────────────┴──────────┘

Überirdisches Geschoß:
┌──────────┬──────────┬────────────┬─────┬─────────┐
│Drucker-  │Papier-   │Technikraum │Sozi-│Arbeits- │
│raum      │lager     │            │al-  │vorberei-│
│          │          │            │raum │tung     │
├──────────┴──────────┴────────────┴─────┤         │
│         Gangbereich                    │         │
├──────────┬──────────┬──────────────────┼─────────┤
│Datenträ- │CPU-Vor-  │Bedienter Ma-     │Arbeits- │
│gerlager  │raum      │schinenraum       │nachbe-  │
│          │          │                  │reitung  │
└──────────┴──────────┴──────────────────┴─────────┘
```

Abb. 2 Mögliche und sinnvolle Aufteilung eines RZ-Gebäudes auf 2 Ebenen

technischen Vorsichtsmaßnahmen ist ein Totalschaden schnell erreicht: Nur die Aufteilung auf unterschiedliche Komplexe oder zumindest auf unterschiedliche Brandbereiche kann garantieren, daß ein einziges Schadenereignis nicht alle EDV-Bereiche gleichzeitig zerstört. In der Abb. 2 wird ein theoretisches Schema gezeigt, wie ein größeres RZ in einem Gebäude auf zwei Ebenen sicherheitstechnisch zufriedenstellend aufgeteilt werden könnte.

Weniger die versicherbaren Kosten eines direkten Schadens oder die ebenfalls versicherungstechnisch abdeckbaren Kosten der indirekten Kosten (Folgekosten durch Betriebsausfall) sind für Unternehmen bedrohlich, als vielmehr die nicht abzusichernden und möglicherweise zum Ruin führenden Kosten, die aus dem Schaden und der Unterbrechung resultieren. Viele Unternehmen sind nach bereits wenigen Tagen ruiniert, weitgehend unabhängig von Art und Umfang des Versicherungsschutzes, wenn die EDV-Anlage oder eine Backup-Anlage nicht den Fortgang der Geschäft wieder ermöglichen. Banken geben nach verschiedenen Untersuchungen einen Zeitraum von 2–5 Tagen an, denn es gibt im Bankbereich kaum mehr einen Geschäftsvorgang, der zu seiner Erledigung nicht zwingend die Datenverarbeitung benötigt. Auch der Handel (3 Tage), Dienstleistungs- und Fertigungsunternehmen (5 Tage) und Versicherungen (6 Tage) haben nur einen kurzen Überlebenszeitraum, sollte die EDV total ausfallen. Fast alle der größten USA-Konzerne wären bei einem EDV-Totalausfall von größer 3 Wochen bankrott, und dies absolut unabhängig von der wirtschaftlichen Lage oder den Rücklagen des Unternehmens; in den europäischen Ländern existieren sicher ähnliche Abhängigkeiten. Natürlich gelten diese Angaben auch für den Mittelstand und für viele Kleinunternehmen. Die Verluste addieren sich nicht, sie potenzieren sich im Verlauf der Zeit, wie die nachfolgende Tabelle 1 zeigt.

Als zweite Risikogruppe (die erste umfaßt alle Ausfälle, die dem Unternehmenszweck, z. B. der Produktion, entgegenwirken) darf die Haftpflicht Dritten gegenüber nicht vergessen werden: Wenn durch Handlungen von Mitarbeitern oder durch Vorgänge auf dem Betriebsgrundstück (z. B. Kontaminationen, Brände) angrenzende Bereiche wie Grundstücke oder Gebäude beschädigt oder das eigene Gebäude kontaminiert werden, haftet das Unternehmen; es ist demnach nicht nur zu überlegen, welche Schäden und Ausfälle dem eigenen Unternehmen widerfahren können, sondern auch die Schäden Dritter sind zu kalkulieren, da dadurch Kosten und Betriebsunterbrechungen entstehen können.

Hier setzt die Sicherheitswissenschaft an: Es gilt, ganzheitliche Sicherheitsanalysen zu erstellen und umzusetzen, die alle firmenindividuellen Abhängigkeiten und Gefährdungen in Qualität und Quantität erfassen; die daraus resultierenden Sicherheitskonzepte müssen in sich geschlossen und gleichwertig sein, wenn sie wirklich funktionieren und greifen sollen.

Die wirtschaftliche Bedeutung von bereits realisierten Sicherheitsmaßnahmen läßt sich im Einzelfall schwer darstellen, denn jeder Schaden, der verhindert wurde, fand nicht statt und kann demzufolge nicht erkannt werden. Ebenso ist es meist nicht möglich, nach einem Schaden nachzuweisen, um wie viel größer das Ausmaß gewesen wäre,

Tabelle 1 Progressiver Anstieg der Verluste bei linearem zeitlichen Ausfall

RZ-Ausfall	DM
5 Tage	100.000
10 Tage	900.000
20 Tage	2.500.000

wenn nicht bestimmte Sicherheitseinrichtungen vorhanden gewesen wären; dies gilt auch für organisatorische Sicherheitsmaßnahmen wie Schulungen von Mitarbeitern. Die Vielzahl der Schadenstatistiken führender Industrieversicherer zeigt jedoch, welche immensen Schäden tatsächlich durch Sturm, Feuer, Vandalismus, Wasser und andere Gefahren eintreten. Dabei sind oftmals nicht die direkten Schäden der Hauptkostenpunkt, sondern die indirekten, nämlich Betriebsunterbrechungen (Folgekosten). Dies gilt insbesondere für hochtechnisierte Unternehmensbereiche, in denen komplexe elektronische Geräte zum Einsatz kommen.

Die Schäden für Unternehmen und Versicherer haben eine derartige Größenordnung angenommen, daß die professionelle und damit personell wie finanziell aufwendige Beschäftigung mit der Sicherungstechnik die preiswertere Alternative zum Nichtstun und dessen Folgewirkungen ist. Aber da auch extrem hohe Sicherheitsauflagen nicht absoluten Schutz und ständige Verfügbarkeit der EDV garantieren können, investieren manche Unternehmen in interne oder externe Backup-Konzepte.

Neben für ein Unternehmen lebensnotwendigen Dingen wie positiver Bilanz sind zwei weitere Bereiche der Technik bzw. der Sicherheitstechnik wichtig, nämlich die ökonomische Vernunft und die ökologische Verantwortung: Ein Unternehmen kann durch Schadenereignisse zerstört werden, wenn nicht ausreichend technisch vorgesorgt wurde, dies kann auch durch Haftpflichtansprüche dritter geschehen, wenn die umwelttechnische Sicherungstechnik nicht ausreichend ausgelegt wurde.

Industrie, Versicherer, Staat und Forschung nehmen sich deshalb mit zunehmender Intensität der Thematik an. Es werden Sicherheitskonzepte (Störfallverordnung), Katastrophenpläne, sicherheitsbezogene Arbeitsanweisungen und vieles mehr erstellt; dabei sind die damit beauftragten Personen oftmals überfordert, denn es fehlt an Wissen wie Schadenerfahrungen und spartenübergreifende Informationen; zudem beurteilen sicherheitstechnische Laien Risiken meist aus der eigenen, subjektiven Erfahrung und lassen sich durch tendenziöse Meinungen, z. B. aus den Medien, beeinträchtigen. Dabei kommt es zu Schnittstellenproblemen, Überlappungen, Lücken und Fehleinschätzungen in die eine und in die andere Richtung. So kommt es beispielsweise in der quantitativen Beurteilung der beiden Risiken „Feuer" (bzw. Verrauchung) und „Überspannun-

- Die Aufwendungen für unproduktive und/oder redundante Anschaffungen, die der Erhöhung des Schutzgrads dienen, sind nicht objektiv erfaßbar, der wirtschaftliche Nutzen wird nicht erkennbar.
- Einzelne Gefährdungen werden manchmal besonders gut ausgeschaltet oder auch unangemessen aufwendig bekämpft, andere hingegen vergessen und demzufolge bleiben dann diese Bedrohungen im vollen Umfang bestehen; dies liegt oftmals am subjetiven Empfinden einzelner Bedrohungen, beruhend auf persönlichen Erfahrungswerten.
- Organisatorische, sicherheitsbezogene Maßnahmen sind nicht in ihrer Wirkung objektiv zu erfassen. Denn ein verhinderter Unfall/Ausfall läßt sich rechnerisch nicht nachweisen.

Während der Erstellung eines Gebäudes treten meist viele vorher nicht erkennbare Probleme auf, die ihre Ursachen in verschiedenen Punkten haben können (Finanzierung, Technik, Bodenbeschaffenheit, Bauplanänderung uvm.). Dinge dieser Art können hier jedoch nur in Ausnahmefällen Berücksichtigung finden. Effektiver Schutz wird aber immer nur dann erreicht, wenn man alle anstehenden Gefährdungen in ihrer Quantität und Qualität erkennt und die Gegenmaßnahmen dementsprechend auslegt; es ist wichtig, die verschiedenen Gefährdungen sowie die verschiedenen technisch denkbaren Ausfälle, die ebenfalls zu einer Unterbrechung führen können, aufzuzeigen und geeignete, wirksame Gegenmaßnahmen einzuleiten.

Es gibt mehrere Methoden und Analysen, Schwachstellen aufzuspüren (u. a.: Schwachstellen- und Fehlerbaumanalysen, PAAG-Verfahren, kritische Pfade oder kritische Zeiten bestimmen).

Werden alle aufgezeigten möglichen Bedrohungen aus Mensch, Natur, Technik und Umwelt im individuellen Einzelfall bestimmt, so läßt sich ein optimales Schutzkonzept erstellen; dieses widersteht den Bedrohungen mit dem gewünschten Schutzgrad.

Nach der Analyse eines Hochsicherheitsbereichs mit der hier dargebotenen Methodik entsteht ein umfasssendes und möglichst objektives Bild über den sicherungstechnischen Zustand dieses Bereichs im Unternehmen. Andere für das Unternehmen wichtige Bereiche wie Lager, Produktion, Büro oder Verwaltung sind, ihrer Bedeutung und Wertigkeit entsprechend, nach ähnlichen Schemen ebenfalls zu durchleuchten.

2 Voraussetzungen und Anforderungen an die sicherheitsgerechte Konzipierung eines Hochsicherheitsbereichs

Ein Widerspruch der komplexen Problematik „Sicherheit" kann in Überschneidungen von verschiedenen sicherheitstechnischen Problemlösungen bestehen. Optimaler Brandschutz kann z. B. die Umwelt gefährden, wodurch es zu einer längeren Betriebsunterbrechung kommen wird:

- Askareltransformatoren und mit Askarelölen gefüllte Kondensatoren können nach ihrer thermischer Zersetzung (z. B. aufgrund eines Brands von außerhalb) Dioxine freisetzen
- Halone dienten dem Brandschutz und gefährden die Umwelt, weil sie mit einem immensen Potential die Ozonschicht in der Atmosphäre zerstören, bevor sie selbst unschädlich werden
- Asbestplatten dienten ebenfalls dem Brandschutz oder auch als Zusatzmittel in den Belägen von Scheibenbremsen, gefährden aber die Gesundheit, sobald sie in die Lungen von Menschen geraten

Andere Interessen schließen sich teilweise gegenseitig aus: Wenn ein Bereich besonders sicher gegen Wasser und Überschwemmung ausgelegt werden soll, so darf er sich nicht unter Erdgleiche befinden. Dort aber ist der Schutz gegen Sabotageanschläge von außen am größten. Hier muß man demnach Prioritäten setzen und Kompromisse eingehen. Die Abb. 3 zeigt die verschiedenen Komponenten unterschiedlicher Fachrichtungen, die zum Gesamt-Sicherheitskonzept beitragen.

Von großer Bedeutung ist die möglichst objektive Erfassung der unterschiedlichen Gefährdungen. Man darf sich einerseits nicht nur auf persönliche Erfahrungen mit Schäden/Unfällen beruhen; deshalb ist ein interdisziplinäres Team bei der Erstellung des sicherheitsgerechten Konzepts notwendig. Andererseits sind viele subjetive Erfah-

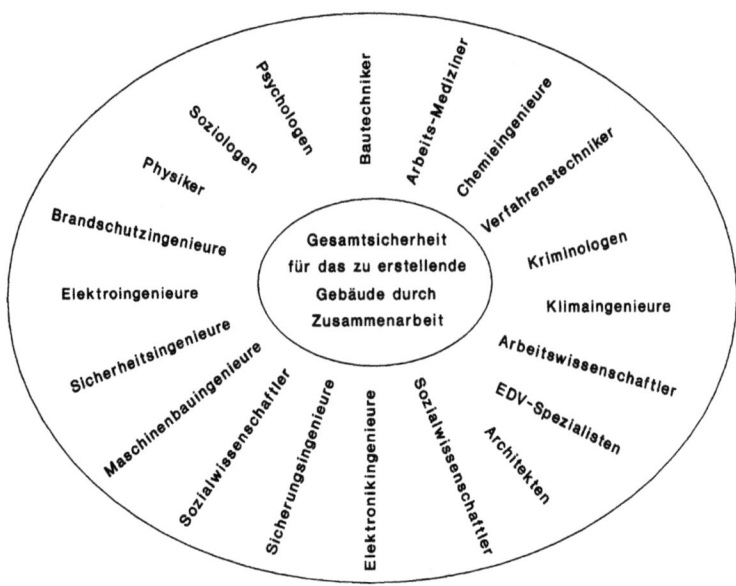

Abb. 3 Interdisziplinäre Zusammenarbeit von Spezialisten zu einem ganzheitlichen Sicherheitskonzept

rungen als wertvolle Basis der Planung zu sehen und in ihrer Gesamtheit sind diese objektiv verwertbar.

Die Effektivität von Sicherheitsbemühungen beweisen die Arbeiten der Berufsgenossenschaften. Aus verfahrenstechnischen Gründen liegen die Gefährdungen der BG Chemie höher als bei den meisten der 34 anderen Berufsgenossenschaften; über ein Jahr betrachtet wiesen aber nur 5 der insgesamt 35 Berufsgenossenschaften eine geringere Unfallhäufigkeit aus als die BG Chemie, die damit sogar auf dem Stand von Einzelhandelsgeschäften liegt!

Soll ein Gebäude mit großem Aufwand an Zeit und Material geschützt werden, so werden vorab folgende Punkte geklärt:

◆ Das Gebäude, bzw. die in ihm ablaufenden Tätigkeiten sind von großer, weitreichender Bedeutung
◆ Der Aufwand der Sicherungsmaßnahmen steht in Relation zu den Kosten für die Schäden, die ohne diese Maßnahmen eintreten könnten

Einen Hochsicherheitsbereich zu konzipieren und realisieren bedeutet wegen der Komplexizität hohe Ansprüche an die Planer.

2 Voraussetzungen und Anforderungen

Auf der einen Seite gilt es, Dinge wie mittel- und langfristige Raumnutzung, Unternehmensentwicklung, technische Weiterentwicklungen und eventuell sich ändernde Ansprüche an die Schutzwirkung zu kennen, zu definieren und umzusetzen; auf der anderen Seite muß jedes Gewerk in sich technisch und organisatorisch durchdacht sein und die Gewerke untereinander müssen sich zu einem einheitlichen und harmonischen Gesamtkomplex fügen.

An die Sicherheit bzw. den Schutzgrad gibt es Anforderungen in dreierlei Hinsicht: Erstens muß jede einzelne der technischen oder organisatorischen Maßnahmen sinnvoll sein, um eine höhere Schutzwirkung zu geben, auch bei Manipulationsversuchen. Zweitens muß jede Maßnahme von den im Hochsicherheitsbereich arbeitenden Menschen akzeptiert werden, und zwar auch auf Dauer. Drittens ist es wichtig, daß die materiellen Aufwendungen in sinnvoller Relation zur Bedeutung des Gewerks, zum Schutzgrad und zum Schadenpotential stehen.

Diese drei Anforderungskriterien sind leicht ausgesprochen, die Praxis zeigt jedoch, daß es hier häufig zu Kompromissen kommt, oder kommen muß. Eine der wichtigen Voraussetzungen bei der Planung liegt in der Zusammenstellung des sicherheitstechnischen Planungsstabs. Hier muß ein interdisziplinäres Team an Spezialisten einzeln Detailprobleme lösen (Beispiele hierzu: Redundanzen bei Stromleitungen, Zutrittskontroll-Organisation, Blitz- und Überspannungsschutzkonzept usw.), die in der Gesamtheit zueinander passen in ihrer Wertigkeit und/oder miteinander arbeiten (Bspe.: Brand- und Einbruchmeldeanlagen, Zutrittskontrollsystem, Alarmorganisation, Gebäudemanagement).

Daten wie MTBF, MTTR mögen bei der Beurteilung von technischen Bauteilen von großer Bedeutung sein, die Stochastik darf aber auch nicht überstrapaziert werden. Will man ein elektrisches Gerät auf 10^{-5} Ausfälle im Jahr auslegen, so ist dies mathematisch lösbar, wenn die technischen Daten der Einzelkomponenten bekannt sind. Doch dieses elektrische Gerät kann eben nicht nur durch Ausfall oder Kurzschluß von Bauelementen in seiner Funktion ausfallen, sondern auch durch andere Ereignisse, die mathematisch nicht oder nur ungenau bestimmbar sind:

- ◆ Das Gerät wird gestohlen oder vorsätzlich beschädigt
- ◆ Das Gerät wird durch Brandrauch und/oder Flammen von außerhalb des Geräts zerstört

◆ Das Gerät wird durch Wasser oder Feuchtigkeit beschädigt
◆ Das Gerät oder Teile davon werden durch Überspannungen zerstört

Hier besteht die Gefahr, zu viel oder zu wenig an Schutz aufzubringen, eben weil es nicht mehr möglich ist, objektive Zahlen zum Ausfall für individuelle Risiken zu liefern.

Ein konkretes Beispiel hierzu sind die Strom- und Datenleitungen im Gebäude: Sollten sie durch Sabotage oder Brand zerstört werden, kann es mehrere Tage dauern, um Ersatz zu schaffen. Zwei möglicherweise vorhandene, äußerlich getrennte Haupteinspeisungen, eine USV-Anlage und eine Netzersatzanlage helfen dann in diesem konkteten Fall überhaupt nicht, die Katastrophe zu verhindern. Dieses Beispiel soll zeigen, welche hohe, entscheidende Bedeutung dem eingangs erwähnten komplexen, umfassenden Schutz zukommt.

Generell gilt folgende Aussage: Je wertvoller ein Gebäudeinhalt ist, desto aufwendiger muß dieser gegen Gefahren von außen und innen geschützt werden und je wichtiger die Verfügbarkeit der installierten Systeme ist, desto komplizierter werden die Schutzmaßnahmen. Nun ist ein elektronischer Hochsicherheitsbereich leider nicht mit so „einfachen" Mitteln wie ein Banktresorraum zu schützen, denn der Raum kann erstens nicht hermetisch von der Außenwelt abgetrennt werden und er benötigt zweitens Energie, Daten und anderen technischen Support, der von außen kommen muß – und gerade hier ist es schwierig, den gewünscht hohen Schutz zu realisieren.

Auch wenn wertvolle Gegenstände wie beispielsweise Großrechenanlagen in ihrer Gesamtheit nicht diebstahlgefährdet sind, so muß man doch auch an Sabotageakte denken und diesen vorbeugen. Grundsätzlich berechnet sich der Aufwand jeder Schutzmaßnahme aus folgenden, individuellen Kriterien:

◆ Materiellen Wert der zu schützenden Gegenstände
◆ Ausfallwahrscheinlichkeiten jedes einzelnen Gegenstands
◆ Funktion des Gegenstands: Dient er dem unmittelbaren Betrieb oder der Kontrolle bzw. der Sicherheit?
◆ Wiederbeschaffungszeit von Ersatz, Einbau- und Anlaufzeiten
◆ Folge- und Wechselwirkungen des Ausfalls auf das System und auch auf andere Bereiche
◆ Potentielle Gefährdung für Menschen und Sachwerte aus dem Gegenstand

2 Voraussetzungen und Anforderungen

Nur wenn alle diese Punkte korrekt ermittelt sind, läßt sich das benötigte Schutzniveau definieren. Ein individuell bestückter elektrischer Verteilerschrank, der für die Produktion wichtig ist, mag einen relativ geringen Eigenwert, aber eine lange Wiederbeschaffungszeit haben; letzteres bedeutet, auch wenn Ausfälle unwahrscheinlich sind, daß man das Gerät gut schützen muß, um Einwirkungen von außen (Sabotage, Wasser, Rauch) abzuhalten, auch oder vor allem wegen der starken Abhängigkeit der nachgeschalteten elektrischen und elektronischen Geräte. Will man dieses konkrete Problem durch Anschaffung eines zweiten, identischen Schaltschranks lösen (Redundanz), so darf – mathematisch bzw. sicherheitstechnisch gesehen – dieser zweite Schaltschrank nicht als redundant gelten, so lange ein mögliches Schadenereignis beide Schaltschränke gleichzeitig beschädigt oder beschädigen kann – dies ist dann der Fall, wenn beide in einem Gefahrenbereich stehen. Dieses Problem tritt bei Backup-Anlagen häufig auf: Zwei Rechner einer Einheit können nur bei geräteinternen Ausfällen durch die vorhandene Redundanz Abhilfe schaffen. Gegen Stromausfall oder physische Beschädigung (Wasser, Rauch, Feuer, Sabotage) ist diese Redundanz nicht ausgelegt, sondern ausschließlich gegen die eine Bedrohungsart „Systemausfälle".

Auch wenn derartige Redundanzen (oft auch in Klimageräten zu finden) weniger teuer in Anschaffung, Unterhalt und Platzbedarf sind als wirklich redundant ausgelegte Anlagen, so baut man eben oft nur eine Scheinsicherheit auf, die im konkreten Katastrophenfall überhaupt keine Vorteile gegenüber der preiswerteren nichtredundanten Auslegung bringt. Die zusätzlichen Kosten wurden demnach vergebens investiert.

Wahrscheinlichkeitsberechnungen bestimmen Eintrittswahrscheinlichkeiten, nach dem Gesetz der großen Zahlen; im individuellen Einzelfall aber gibt es keine Wahrscheinlichkeiten, sondern nur absolute Aussagen: Ja/Nein bzw. in Ordnung/defekt. Demzufolge nutzt es wenig, wenn man nur eine Stromeinspeisung hat und weiß, daß beispielsweise von 5×10^7 Anlagen dieser Art weltweit drei für länger als fünf Arbeitstage ausfallen, weil die Leitung zerstört wurde. Liegt der finanzielle Aufwand der Anschaffung für eine zweite, räumlich getrennte Einspeisung in einer vertretbaren Größenordnung zum maximalen Schadenausmaß (hier auch: Zeit der Wiederinbetriebnahme), so empfiehlt sich diese Realisierung der redundanten Maßnahme. Denn auch wenn der Wert eines Details relativ gering liegt, so sind unter Umständen dessen Folgewirkungen nach einem Ausfall sehr hoch, oder auch das direkte Gefährdungspotential (Bsp.: Energiebehälter) des Gegenstands für die räumliche Umgebung.

Vor der Aufnahme von baulichen und anlagentechnischen Aktivitäten muß man die geltenden Vorschriften und Gesetze einhalten. Es gibt viele sicherheitstechnische Vorschriften, die der Betreiber eines Unternehmens berücksichtigen muß; noch strengere Auflagen sind bei melde- und genehmigungspflichtigen Anlagen zu erfüllen, die unter die Störfallverordnung fallen. Als geltendes Gesetz stehen die DIN-Normen und EN-DIN-Normen allen anderen sicherheitstechnischen Regelwerken voran. In den Gewerbeordnungen stehen Schutzregelungen zu jeder Gewerbeart; aus der Gewerbeordnung ist die Reichsversicherungsordnung im Jahr 1911 entstanden. Danach gab es und gibt es bis heute eine Fülle von heterogenen Gesetzen, Verordnungen, Erlassen und Verwaltungsvorschriften: Unfallverhütungsvorschriften, Sicherheitsregeln, Technische Anleitungen, Verordnung brennbarer Flüssigkeiten, Garagenordnung, EG-Normen, CEN, CENELEC, ISO, IEC, Baugesetze usw. zum Schutze der Arbeitnehmer sowie unbeteiligter Dritter; zudem gibt es die DIN EN ISO 9000 ff, die einerseits berechtigt sein mögen um die Qualität zu erhöhen und Arbeitsschritte nachvollziehbar zu gestalten, die aber andererseits die Preise nach oben treiben und die Unternehmen unflexibler werden lassen. Für das sichere Betreiben einer EDV-Anlage hingegen sind ausschließlich die natürlich nötigen Schutzmaßnahmen gegen Personenverletzungen zu treffen, für jeden darüber hinausgehenden Schutz ist der Betreiber selbst verantwortlich, natürlich primär im eigenen Interesse des langfristigen Bestehens des Unternehmens; da es aber bis jetzt hier keine Vorgaben gibt, stehen viele Betreiber ohne konkrete Hilfen da, denn sie wissen oft ebenso wenig wie ihre Architekten, welche Schutzmaßnahmen nötig, sinnvoll und überhaupt möglich sind bzw. wären und derartige Informationen sind in der nötigen Quantität und Qualität auch bis jetzt nirgends zu erhalten.

Die Abb. 4 zeigt auf, daß der Nutzen von sicherheitstechnischen Maßnahmen in Relation zu den Kosten am größten ist, wenn auch das Risiko am größten ist; der Umkehrschluß, daß eine sehr kleine sicherheitstechnische Verbesserung nahe der 100-%-Marke sehr teuer wird, ist ebenfalls zulässig.

2 Voraussetzungen und Anforderungen

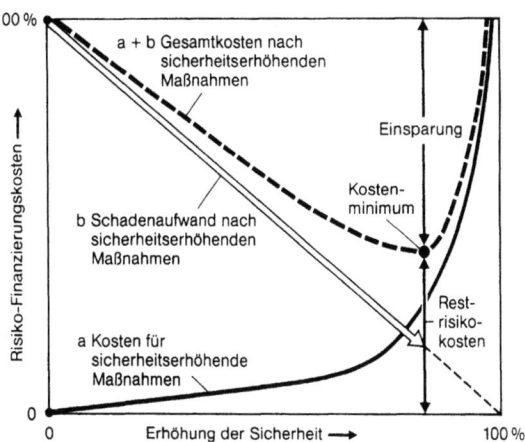

Abb. 4 Finanzierungskosten eines Risikos nach der Durchführung von Sicherheitsmaßnahmen [P.C. Compes]

Da Sicherheit, wenn es sich um Überwachungssysteme, Mechanik oder rein redundante Geräte handelt, betriebsablauftechnisch als unproduktiv bezeichnet werden muß und da die finanziellen und räumlichen Aufwendungen dafür schnell sehr hoch werden, sind die Organisation und die Finanzierung zwei von Anfang an elementare Punkte. Wie wenig sicherheitstechnische Möglichkeiten umgesetzt werden zeigt eine Untersuchung, wonach lediglich 1/3 aller Rechenzentren gegen Einbruch/Diebstahl und Sabotage/Vandalismus geschützt sind. Staatliche Rechenzentren weisen in einer Analyse besonders viele sicherheitstechnische Mängel auf:

◆ Fehlende Risikoanalysen
◆ Fehlende Backup-Konzepte
◆ Fehlende Katastrophenpläne
◆ Fehlende Maßnahmen gegen Datenmanipulation
◆ Fehlende Wiederanlaufübungen

Verschiedene Untersuchungen weisen unterschiedliche Aufwendungen für die sicherheitstechnischen Einrichtungen aus, gemessen in prozentualem Anteil der Bausumme oder des EDV-Budgets: 1–5 % des EDV-Budgets und für hohe Anforderungen an die Verfügbarkeit auch bis 10 %, 2–5 % der Baukosten oder 3.000–8.000 DM/m². Für die EDV-Sicherheit haben sich aufgrund der Notwendigkeit der elektronischen Anlagen binnen 2 Jahren die Schutzkosten verdoppelt, im Schnitt betragen sie 5 % des EDV-Budgets. Bei besonderen Objekten wie militärischen Einrichtungen oder Kernkraftwerken hingegen sind zweistellige Millionenbeträge durchaus üblich.

Fehlplanungen und daraus resultierende finanzielle Engpässe und Lücken dürfen nicht zu einer Reduzierung des Schutzniveaus führen. Ein Sicherungskonzept verliert an Akzeptanz und Glaubwürdigkeit, wenn von seiner ursprünglichen Auslegung während und nach der Realisierung Abstriche gemacht werden; gerade dieser Kritikpunkt trifft in einigen Rechenzentren bei den Zutrittskontrollsystemen (evtl. sogar mit einer Zwangsvereinzelungsanlage versehen) zu, wenn mit dieser Technik die Mitarbeiter sich zusehr kontrolliert, bevormundet und gegängelt fühlen: Dann nämlich wird durch triviale Maßnahmen das System umgangen und nicht mehr benutzt, sodaß ungehindert nahezu jeder das RZ bzw. dessen Technikräume betreten kann. Dazu ist es notwendig, von Anfang an überzogene und uneffektive Forderungen zu unterbinden und sich vielmehr auf realistische und objektiv begründbare Forderungen zur Erhöhung des Schutzgrads zu beschränken. Auch darf nicht vergessen werden, daß das nachträgliche Installieren von sicherheitstechnischen Einrichtungen und/oder sicherheitsbezogenen organisatorischen Maßnahmen nicht nur in Relation zur sofortigen Realisierung teurer, sondern meist auch uneffektiver wird bzw. auf Akzeptanzprobleme stoßen kann.

Schutzziel und finanzielle Mittel müssen sich realisierbar gegenüberstehen. Ein vergleichsweise hohes Gefährdungspotential bedingt einen auf diesen Bereich anspruchsvollen Schutz und damit indirekt mehr Kosten. Doch die Bereithaltung großzügiger Mittel allein garantiert andererseits auch nicht, daß diese Mittel sinnvoll eingesetzt werden. Hier ist die Leitung des gesamten Sicherheitskonzepts gefordert, die Mittel richtig umzulegen. Wenn z. B. 5.000 Terminals und 7.000 Mitarbeiter von einem Rechenzentrum abhängen, bedeutet das im Unterbrechungsfall pro Stunde 385.000,- DM und pro Tag 2,9 Mio. DM Ausfall, nach 2-3 Tagen ist der Rückstand oft nicht mehr nachholbar.

Ohne ausreichenden finanziellen Spielraum für das sicherheitstechnische Grundkonzept und Nachbesserungen kann keine solide Organisation der Sicherheitstechnik stattfinden und eine fehlende Organisation der Sicherheit kann andererseits auch nicht durch die Bereitstellung üppiger Mittel kompensiert werden.

Beide Punkte – Finanzierung und Organisation – sind von großer Bedeutung, nicht nur während Planung und Bau, sondern auch hin-

2 Voraussetzungen und Anforderungen

terher, während des Betriebs. Bestehende sicherheitstechnische Einrichtungen benötigen Wartungsarbeiten und von Zeit zu Zeit auch Erneuerungen, um dem jeweiligen Stand der Technik zu entsprechen und das anfängliche Niveau der Schutzwirkung beizubehalten. Dafür müssen laufend Mittel zur Verfügung gestellt werden und es erfordert auch eine intakte Organisation, die diese Überprüfungen, Reparaturen und Erneuerungen überwacht und anordnet.

Bei technischen Sicherheitseinrichtungen wie Zutrittskontrollanlagen und Zwangsvereinzelungsschleusen ist, ebenso wie bei sicherheitsbezogenen organisatorischen Maßnahmen und ebensolchen Schulungen auf folgende zwei Punkte zu achten:

◆ Die Maßnahme darf die Mitarbeiter nicht im normalen Arbeitsablauf übermäßig beeinträchtigen
◆ Vorhandene sicherheitstechnische Einrichtungen und Vorschriften dürfen in der täglichen Arbeit nicht übergangen, überlistet oder mißachtet werden

Die Qualität von sicherheitstechnischen Produkten und Erzeugnissen ist verständlicher weise von großer Bedeutung. Stellt sich in der Betriebsphase die Nutzlosigkeit einer Anlage heraus, so bedeutet das nicht nur Betriebsstörungen oder -beeinträchtigungen und erhöhte finanzielle Aufwendungen, sondern auch eine Reduzierung des Schutzgrads von Anfang an bis zur Inbetriebnahme der nachgerüsteten Komponenten.

Liegt die Größe der schädlichen Auswirkung unterhalb den festgelegten (und realisierten) Anforderungsprofils, reicht der Schutz aus. Ist die Gefährdung hingegen größer als vorab berechnet, bringt die vorhandene Schutzeinrichtung nur bedingt oder überhaupt keinen Schutz.

Doch sicherheitstechnische Einrichtungen dienen nicht immer nur der Reduzierung von Eintrittswahrscheinlichkeiten (= aktiver Schutz), sondern oft auch oder ausschließlich der Reduzierung des Schadenausmaßes (= passiver Schutz). So kann z. B. verhindert werden, daß aus einem (erst einmal) kleinen und harmlosen Schadenereignis durch die Verkettung ungünstiger Umstände ein Großschaden entsteht.

Ein Schutzkonzept ist individuell unterschiedlich zu bewerten, je nach den von außen und innen anstehenden Bedrohungen. Reicht beispielsweise eine Einbruchmeldeanlage in Kombination mit durchwurfhemmenden Verglasungen im Hochsicherheitsbereich eines Unternehmens der unteren Bedrohungsstufe völlig aus, so ist der selbe Schutz bei einem Hochsicherheitsbereich einer hohen Bedrohungsstufe als ungenügend zu bewerten.

Die nachfolgende Tabelle 2 zeigt auf, welche Schäden die unterschiedlichen Gefährdungen in den verschiedenartigen Räumen anrichten können; es ist leicht verständlich, daß es hier sowohl nach oben, als auch nach unten in jedem Einzelfall Abweichungen geben kann.

Tabelle 2 Schäden durch beliebige Ursachen in % und Betriebsunterbrechung in Tagen

	10 %	5 %	15 %	40 %	20 %	10 %	y)
	a	b	c	d	e	f	Anm.
1	5 %/0	2,5 %/0	7,5 %/0	20 %/15	10 %/2	5 %/0	*)
2	2 %/0	1 %/0	2 %/0	4 %/1	2 %/0,5	2 %/0	+)
3	3 %/0	2 %/0	7,5 %/0	10 %/10	1 %/0	2 %/0	#)
4	-	-	-	5 %/0	2,5 %/0	2 %/0	x)

*) = Ein Feuerschaden wird sich lediglich in den Räumen USV-Raum, Netzersatzanlagen-Raum, einer der Klima- und Stromverteilungsräume und in den Datenauslagerungsräumen nicht auf eine Betriebsunterbrechung der EDV auswirken; in den bedienten und unbedienten Computerräumen führt bereits der Ausfall eines Raums zu Problemen
+) = Durch geeignete Vorsorgemaßnahmen wird ein Schaden minimiert
#) = Sachbeschädigung wird in gut gesicherten, ständig besetzten und bewachten Bereichen nahezu unmöglich sein
x) = Entsprechende Sicherheitsmaßnahmen sind als gegeben vorausgesetzt
y) = Angenommene Wertverteilung (Summe = 100 %)
1 = Feuer, Verrauchung
2 = Wasser
3 = Vandalismus
4 = Ausfall bzw. Fehlfunktion in der Klimaanlage
a = 2 oder 3 Klimaanlagenräume
b = 2 Energieverteilungsräume
c = Je 1 Netzersatzanlagen-Raum und 1 USV-Raum
d = 2-3 unbediente Computerräume
e = 2 bediente Computerräume
f = 2 Datenauslagerungsräume

2 Voraussetzungen und Anforderungen

Anmerkungen zur Tabelle:

1. Es wird unterstellt, daß aufgrund getroffener Maßnahmen Überspannungen nicht zu Hardwarebeschädigungen führen können.
2. Sollte nur einer der jeweils doppelt oder dreifach vorhandenen Räume aufgrund einer beliebigen Ursache beschädigt werden und damit ausfallen, so ist ein weitgehend ungestörter Vollbetrieb trotzdem weiterhin möglich; erst, wenn der jeweils zweite bzw. auch dritte Raum ebenfalls beschädigt wird, tritt der Teil- oder Totalausfall ein.

Die Maschinenräume (bediente und unbediente) sind für den störungsfreien Betrieb von wesentlich größerer Bedeutung als Netzersatzanlagen- und USV-Räume oder der Datenauslagerungsraum, da letztere im Normalfall nicht benötigt werden; gleiches gilt für die Klimaanlagenräume und die Energieversorgung, denn diese Räume sind redundant vorhanden, sodaß der Ausfall eines dieser Räume den störungsfreien Betrieb solange weiter garantiert, bis auch der jeweils zweite Raum durch eine beliebige Beschädigung ausfällt.

Auch sind die einzelnen Schadensarten unterschiedlich zu beurteilen: Wasserschäden können durch Teileaustausch oder Trocknung relativ schnell behoben werden; Vandalismus oder ein Feuerschaden können durch Lieferengpässe jedoch größere Probleme bereiten. Schäden durch ein Fehlfunktionieren der Klimatisierung sind aufgrund Eigenüberwachung von Klimaanlagen, der thermischen EDV-Geräte-Eigenüberwachung und der von den Klimaanlagen unabhängigen Klimaanlagen-Überwachungsanlage nicht zu erwarten. Auf der anderen Seite kann sich z. B. Wasser in ständig besetzten (bedienten) Räumen schädlicher auswirken als Vandalismus, da ständig Personen zum Intervenieren anwesend sind.

3 Unterschiedliche Gefährdungen für Rechenzentren

Wo für EDV-Zentralen die Ausfallursachen liegen, kann den Statistiken der Schaden-, Sach- und Elektronikversicherer wohl am umfassendsten entnommen werden. 10.000 versicherungstechnisch entschädigungspflichtige Computeranlagen wurden aus den in der nachfolgenden Tabelle 3 aufgezeigten Ursachen beschädigt.

Die Abb. 5 zeigt, daß es eine ganze Reihe von Ursachen gibt, die ein Rechenzentrum zum Ausfall, zum Totalverlust oder zumindest zu einer Unterbrechung führen können; die in dieser Abbildung aufgeführten Ursachen sind jedoch sicherlich nur ein guter Prozentsatz der möglichen schädigenden Ursachen, es würden sich wohl noch weitere durchaus realistische Gründe finden. Die nächste Tabelle 4 zeigt die von der vorangegangenen Tabelle etwas abweichenden Ergebnisse einer anderen Auswertung von EDV-Schadenursachen von einer Versicherung über 1 Jahr.

Die folgende Tabelle 5 einer anderen Versicherung über 1.000 Schadenfälle zeigt eine weitere Verteilung von Katastrophenfällen auf, die sich in EDV-Bereichen ergeben haben.

Tabelle 3 Prozentuale Verteilung der Schadenursachen von 10.000 Computerschäden, die einem Elektronikversicherer gemeldet wurden

Schadenursachen	Schadenanteil
Überspannungen	30 %
Fahrlässigkeit	30 %
Diebstahl	10 %
Wasser	8 %
Feuer	7 %
Einbruch/Diebstahl	6 %
Sabotage	2 %
Sturm	1 %
Sonstiges	6 %

3 Unterschiedliche Gefährdungen für Rechenzentren

Tabelle 4 Auswertung von Schadenursachen an EDV-Geräten

Schadenursachen	Schadenanteil
Feuer-, Licht- und Wärmequellen	42 %
Elektrizität	23 %
Erwärmungsanlagen	12 %
Blitz	9 %
Elektrische Geräte	8 %
Sonstiges	6 %

Tabelle 5 Katastrophenfälle in der EDV, prozentuale Verteilung Feuer-, Licht- und Wärmequellen

Schadenursachen	Schadenanteil
Feuer	40 %
Software, Viren	26 %
Strom, Blitz	20 %
Wasser	10 %
Bauliche Mängel	2 %
Sonstiges	2 %

So abweichend diese drei Statistiken in Einzelpunkten auch sein mögen, sie zeigen doch auch gewisse Schwerpunkte und Gemeinsamkeiten. Die Gefährdung Blitz/Überspannung/Strom sind relativ gleich groß, andere Ursachen wie Einbruch/Diebstahl oder Wasser sind sehr

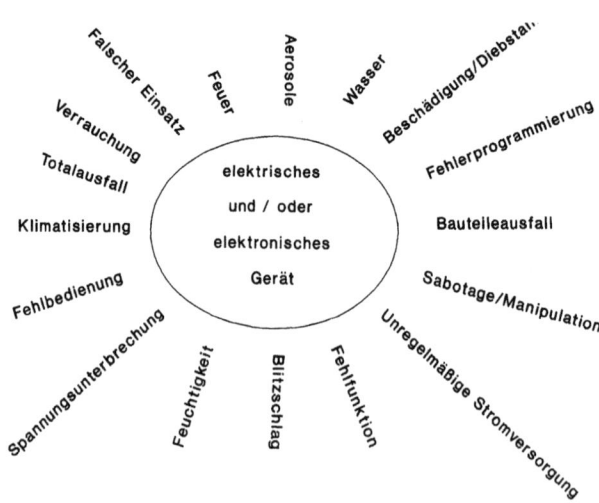

Abb. 5 Ursachen, die elektronische Anlagen zum Ausfall oder zu einer Unterbrechung bringen können

3.1 Einbruch/Diebstahl, Sabotage und Vandalismus

Schadenursachen	Anteil	Kosten
Bedienungsfehler	45 %	21 %
Kurzschluß	12 %	10 %
Blitzschlag	7 %	13 %
Wasser	6 %	6 %
Diebstahl	11 %	25 %
Sonstiges	19 %	25 %

Tabelle 6 Schadenursachen an elektronischen Geräten

gering oder die Gefahr fällt unter den Punkt „Sonstiges". Unerwartet starke Abweichungen zeigen die Statistiken bei den Gefahren „Feuer/Rauch". Eine weitere größere Elektronikversicherung hat alle eingehenden Schadenursachen über 2 Jahre hin analysiert und in Anteil und Kosten aufgeteilt. Die vorangegangene Tabelle 6 zeigt die Ergebnisse.

Diese Tabelle zeigt, daß Fahrlässigkeit (also menschliche Unzulänglichkeit) in fast jedem zweiten Fall die Ursache für einen Schaden war, daß die Kosten dafür jedoch nur etwas über 20 % ausmachten. Blitz und Überspannungen schlagen in den Kosten doppelt so stark zu Buche wie in der Häufigkeit, d.h. derartige Schäden wirken sich, ebenso wie Diebstahl, besonders teuer aus.

Das Rechenzentrum muß gegen viele verschiedenartige Bedrohungen gesichert werden, die wesentlichen davon werden in diesem Buch analysiert:

- Sabotage von externen Personen und von Mitarbeitern und Einbruch/Diebstahl und Vandalismus
- Brand und Verrauchung
- Fehlfunktionen in den Klimaanlagen
- Wasser (von außen oder von innen)
- Elektrische Versorgung (Ausfall, Überspannung oder Unterspannung, Spannungsschwankungen, Peaks)
- Datenverlust
- Sonstige Gefahren

3.1
Einbruch/Diebstahl, Sabotage und Vandalismus

Eine große Gefährdung bei Einbruch/Diebstahl ist in EDV-Bereichen der Vandalismusschaden, aber auch Sabotageanschläge gegen Dritte können sich auf primär nicht beteiligte Unternehmen auswirken. Darüber hinaus besteht die Gefahr, daß zunächst friedlich verlaufende Demonstrationen in Aggression ausarten und gewalttätig enden. Plünderungen und Brandstiftung sowie Sachbeschädigungen von mit dem Demonstrationsgrund nicht in Zusammenhang zu bringenden Unternehmen (bzw. deren Gebäude, PKW und LKW) im Aktionsbereich der Demonstration können die Folge sein.

Gezielte Anschläge gegen das RZ eines Unternehmens können immer dann auch firmenfremden Tätern sehr erleichtert werden, wenn die Raumnutzung von außen erkennbar ist, siehe Abb. 6. In diesen Fällen sollten Verblendungen (Vorhänge, Spiegelglas u. a.) oder einbruchhemmende Verglasungen angebracht sein. Generell immer empfehlenswert sind sog. mechatronische Teile: Hier wird die stabile äußere Hülle eines Gebäudes elektronisch überwacht und bei Angriffen meldet das System den Einbruchversuch, um im Anschluß noch mit 80 % Schutzqualität das Eindringen in das Gebäude zu verhindern; dies gilt für Fenster- und Türrahmen ebenso wie für Verglasungen und die Technik ist auch nachrüstbar. Somit können Schutzkräfte vor Ort sein, noch lange bevor ein Eindringen oder das Einwerfen eines Brandsatzes möglich ist.

Abb. 6 EDV-Bereiche sollen von der Straße aus nicht einsehbar sein

Als relativ neue Form der Kriminalität entwickeln sich Anschläge gegen EDV-Bereiche. Die Wahrscheinlichkeit von Brandstiftung und Sprengstoffattentaten auf Rechenzentren werden vom Bundeskriminalamt mit der Note 2 (Skala von 0–3, steigende Gefährdung) bewertet und mit der Note 3 bei der Beurteilung des Schadenausmaßes (gleiche Skala). Die Risiken Brandstiftung und Sprengstoffanschläge sind in der BKA-Tabelle bei EDV-Bereichen am höchsten eingestuft.

Einbrecher können mit Verwüstung bereits großen Schaden in Rechenzentren und deren Räumlichkeiten anrichten. Durch entsprechende Abwehr-, Vorsichts- und Gegenmaßnahmen lassen sich Verwüstungen und auch Brandstiftungen zwar nicht immer gänzlich vermeiden, jedoch in ihrer Auswirkung bzw. Ausbreitung erheblich einschränken.

Um Täter an Brandstiftung, Diebstahl und Vandalismus zu hindern, dienen elektronisch und/oder personell überwachte mechanische Barrieren. Sind die mechanischen Barrieren überwunden, bevor die elektronische Überwachung Hilfskräfte gerufen hat, war das Schutzkonzept unzureichend, andernfalls erfolgreich. Zu den mechanischen Barrieren gehören einbruchhemmende Verglasungen und ebensolche Türen und Fenster, aber auch ausreichend bemessene Mauern.

3.2
Brand, Verrauchung

80–85 % aller Brandschäden (Feuer oder Verrauchung), die EDV-Geräte beschädigen, entstehen außerhalb des EDV-Bereichs, in Nebenbereichen, und wirken sich von dort schädigend auf das elektronische Equipment aus; hierzu zählen auch privat genutzte Elektrogeräte. 15–20 % der Schäden entstehen in für die EDV benötigten elektrischen Hilfsgeräten wie Klimaanlagen, Elektroverteiler oder privat genutzte Geräte (siehe Abb. 7) und nur max. 5 % aller Schäden entstehen direkt in den EDV-Geräten. Deshalb soll der EDV-Bereich nach außen konsequent nach F 90 ausgelegt sein. Auch in den Verkabelungen (siehe Abb. 8) kann es erstens zu einem Brand kommen, der sich zweitens durchaus über längere Zeit schädigend auf den RZ-Betrieb auswirken kann.

Die Nachbarbereiche im Unternehmen, aber auch die direkt angrenzenden Unternehmen sind in die Brandgefährdungsanalysen mit einzubeziehen; hier besteht die Gefahr des direkten oder indirek-

Abb. 7 Kühlschrankbrand aufgrund verstellter Abluftschlitze

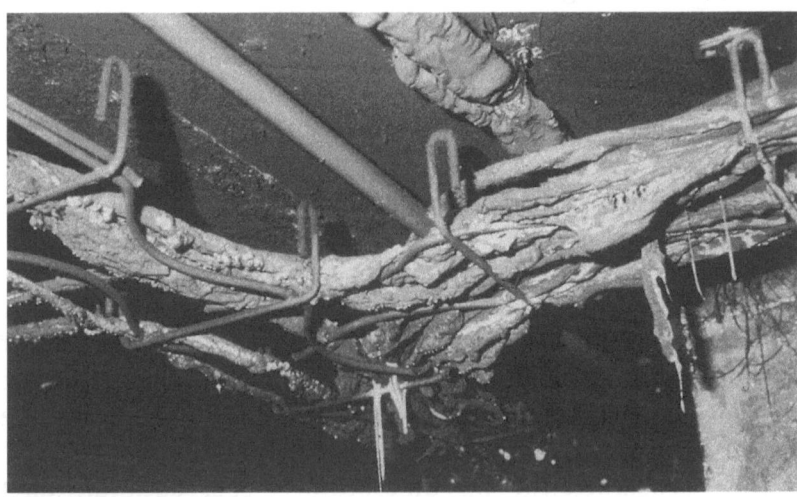

Abb. 8 Ungeschütztes Kabel nach Brand [Promat GmbH]

3.2 Brand, Verrauchung

Abb. 9 Nach 2 Stunden hatte die Feuerwehr den Brand im Griff [BFW München]

ten Feuerübersprungs, siehe Abb. 9. Besonders gefährdend sind große Flachdächer und natürlich Unternehmensarten, die aufgrund ihrer Produktionsarten und aufgrund der zu verarbeitenden Stoffe besondere Brandgefahren bergen, siehe auch Abb. 10.

Viele Brände entstehen durch Brandstiftung, jährlich weit über 10.000 Fälle – die Dunkelziffer liegt um ein mehrfaches höher; der Schadenaufwand beträgt 25–40 %. Die nachfolgende Tabelle, erstellt von einer Versicherung, zeigt die Ursachen für versicherte Brände in Rechenzentren. Pfusch am Bau ist nicht nur leider eher die Regel denn die Ausnahme, schlampig errichtete Gebäude bedeuten auch ein Sicherheitsrisiko; so kann es vorkommen, daß angeblich feuerbeständige Mauern und Decken nicht diese Anforderung erfüllen, wie Abb. 11 zeigt.

Tabelle 7 Prozentualer Anteil von Ursachen für Brände in EDV-Bereichen

Anteil	Ursachen
35 %	Elektroverteilung und Installation
15 %	Klimaanlagen
15 %	EDV-Geräte
25 %	Menschliche Schuld
10 %	Sonstige Gründe

Abb. 10 Bei Großbränden riskieren Feuerwehrleute regelmäßig ihr Leben
[BFW München]

Die Schadenerfahrung der großen Elektronik-Versicherungen besagen, daß Brände folgender Gerätearten vermehrt auftreten:

- Kopiergeräte
- Drucker
- Klimaanlagen
- Ventilatoren in Geräten
- Schaltschränke
- Stromverteilerschränke

Abb. 11 Pfusch am Bau: Die Spalte im Betonboden wurde erst erkannt, als es in der Etage darunter brannte und der Teppichboden anschmorte

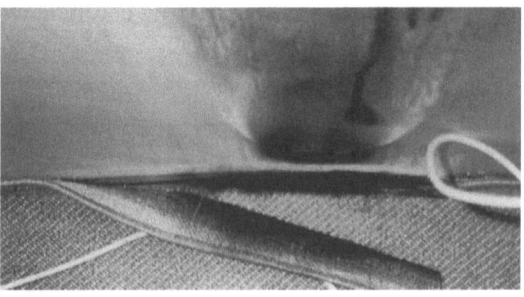

3.2 Brand, Verrauchung

◆ Generell in Geräten, die über viele Schraub- und Klemmverbindungen verfügen

Dies sind elektrische Geräte, die relativ viel Strom verbrauchen – verglichen mit beispielsweise EDV-Geräten. Darüber hinaus listen die Versicherungen privat genutzte Elektrogeräte wie

◆ Kaffeemaschinen,
◆ Heizlüfter,
◆ Tauchsieder,
◆ Kühlschränke,
◆ wechselstrombetriebene Radiogeräte und
◆ Heizplatten

als potentielle Zündquellen auf.

Doch auch eine Gasexplosion kann zu Bränden und zu Gebäudetotalverlusten führen und diese Gefahr ist immer dann vorhanden, wenn ein Unternehmen oder ein Gebäude mit Gas versorgt wird oder über einen Gastank verfügt, siehe Abb. 12.

Dennoch ist auch die fahrlässige Brandstiftung nicht zu vernachlässigen: Unvorsichtiges Arbeiten mit einem Trennschleiffer führten

Abb. 12: Gastanks, ob unter- oder überirdisch, gefährden Gebäude

Abb. 13: Total ausgebranntes Rechenzentrum aufgrund unsachgemäßer feuergefährlicher Arbeiten. [Abdruck mit freundlicher Genehmigung der Tela Versicherung]

Abb. 14 HCl-Kontamination an der Wand nach einem Brand

Abb. 15 Extreme Korrosionen, auch an dem sonst spiegelblanken Kühlrippen (Pfeil)

zum Totalverlust in einem RZ, siehe Abb. 13. Neben der direkten Gefährdung durch Feuer (= thermische Zersetzung durch die Flammen) besteht auch die Gefährdung durch indirekte Feuererscheinungen, den Rauch. Besonders für elektronische Geräte liegt hier eine hohe Gefährdung, aber auch für Gebäudebestandteile (Beton und Metall, siehe Abb. 14). Da Brände bereits frühzeitig Schäden an elektronischen Bauteilen anrichten können (siehe Abb. 15), sollte ein Brandfrüherkennungssystem vorhanden sein (d. h. eine Brandmeldeanlage mit erhöhter Zuverlässigkeit) und ein Feuerwehr-Bedienfeld bzw. Paralleltableau, damit der alarmgebende Brandmelder verzögerungsfrei erkannt wird; dies ist in größeren RZ mit mehreren Raumebenen oft ein Problem.

Der sicherlich gewünschte Einsatz der Feuerwehr im Brandfall endet manchmal nicht so, wie es sich der Betreiber wünscht: Die EDV-Geräte werden aufgrund der großen Brandrauchentwicklung mit viel Wasser beaufschlagt oder die Feuerwehr setzt Pulver oder Schaum zum Löschen ein, z. B. auch immer dann, wenn kein gasförmiges Löschmittel vorhanden ist oder aber keine geschlossenen Atemschutzgeräte (siehe Abb. 16).

Abb. 16 Feuerwehrleute beim Einsatz großer Mengen an Löschschaum [Promat GmbH]

3.3 Fehlfunktionen in der Klimatisierung

Funktionieren elektronische Geräte nur innerhalb gewisser Temperatur- und Feuchtigkeitswerte einwandfrei (diese beiden Werte versteht man unter klimarelevant für EDV-Anlagen), so sind prinzipiell drei Situationen denkbar, von denen sich die beiden letzten auf den ordnungsgemäßen Betrieb störend auswirken:

1. Die Klimatisierung funktioniert einwandfrei
2. Die Klimatisierung ist (aus einem beliebigen Grund) ausgefallen
3. Die Klimatisierung liefert (aus beliebigen Gründen) von den Vorgaben abweichende Werte

Nahezu alle größeren elektronischen Geräte (Telefonzentralen, EDV-Anlagen usw.) benötigen, zumindest zur Zeit noch, zur korrekten Funktion bestimmte klimatische Bedingungen. Bereits geringfügige Abweichungen von Temperatur- oder Feuchtegrenzen (siehe die nachfolgende Tabelle 8) können Teil- oder Totalausfall oder fehlerhafte Datenübertragung und -ermittlung bedeuten. Kleine (z. B. vernetzte PC) oder mittelgroße (z. B. IBM AS-400) EDV-Anlagen hingegen benötigen entweder kein besonderes Klima, oder es gibt nur noch Vorgaben hinsichtlich der Temperatur.

Sabotagemöglichkeiten an den Klimageräten (siehe Abb. 17) und deren Zu- und Ableitungen sowie Rückkühleinheiten, Brand oder

3.3 Fehlfunktionen in der Klimatisierung

Tabelle 8 Klimaeckwerte für EDV-Geräte

Klimaeckwerte	minimal	maximal	ideal
Temperatur	18 °C	26 °C	22 °C
Feuchte	40 %	65 %	50 % *)
Temperatur-veränderung	keine Vorgabe	5 °C je 30 min.	möglichst keine Veränderung
Taupunkt-temperatur	keine Vorgabe	18 °C	möglichst niedrig

*) Nach einem Brand: Niedriger, um Korrosionen zu vermeiden

technischer Defekt in den Klimageräten können sich ebenso schädlich auswirken wie Attentate oder Defekte dieser Art direkt an den elektronischen Geräten. Auch ist die gleichmäßige Klimaluftverteilung wichtig: Zugestellte Luftaustrittsöffnungen oder zu volle Doppelböden können im ungünstigen Fall die Temperatur und Feuchte an manchen Geräten in beide Richtungen die Toleranzgrenzen über-

Abb. 17 Klimaanlagen auf Flachdächern sollen vor direktem Blitzschlag und vor Sabotageanschlägen geschützt sein

Abb. 18 Klimatisierungsgeräte können aufgrund von Schlauchleitungen und der Flüssigkeiten gefährden

schreiten lassen. Die Verbindungsleitungen für Flüssigkeiten haben meist nur eine begrenzte Lebensdauer; sie sollten doppelt ummantelt sein, zumindest aber geschützt verlegt werden und regelmäßig auf Leckagen und Beschädigungen hin untersucht werden (siehe Abb. 18).

3.4
Wassereinbruch

Sollte Wasser an/in die elektronischen Geräte gelangen, so kommt es zu Kurzschlüssen und Unterbrechungen. Aus diesem Grund ist dafür Sorge zu tragen, daß weder von außerhalb, noch von innerbetrieblichen Vorgängen Wasser oder andere Flüssigkeiten (z. B. Kühlflüssigkeiten der Klimaanlage) in die EDV-Räume oder deren Infrastrukturräume bzw. in elektronische Geräte gelangt. Denn auch wenn die Elektroverteilung, die Klimaanlage oder die aktive USV-Anlage durch Wasser außer Betrieb gesetzt werden, so kann der ordnungsgemäße EDV-Betrieb nicht aufrecht gehalten werden.

Wenn Flüssigkeiten in unter Spannung stehende elektrische bzw. elektronische Geräte oder auch in Mehrfachverteiler in Doppelböden eindringen, treten Kurzschlüsse und elektrolytische Korrosionen auf, die sofort oder mittelfristig zu Fehlfunktionen und Ausfällen der betroffenen Geräte führen.

Vorab muß festgelegt werden, woher Wasser kommen kann bzw. könnte, um dagegen Vorsorgemaßnahmen zu treffen:

1. Von außerhalb des Gebäudes:
   - Fluß oder See in der näheren Umgebung
   - Schneeschmelze
   - Regen, Überschwemmung (vgl. den Fluß Oder, Juli 1997)
2. Von innerhalb des Gebäudes:
   - Errichtung des EDV-Bereichs unter Erdgleiche
   - Errichtung des EDV-Bereichs direkt unter einem Flachdach
   - Aufstellen eines Teils der technischen Infrastruktur unter Erdgleiche
   - Sprinklerung von Räumen oberhalb des EDV-Bereichs oder Sprinklerung im Maschinenraum (z. B. Auflage der Baubehörde)
   - Nicht rücklaufgesicherte Abflüsse
   - Frischwasserleitungen
   - Abwasserleitungen
   - Sonstige flüssigkeitsführenden Leitungen im Gebäude, z. B. Regenableitungen, Ölleitungen, produktionsabhängige Flüssigkeitsleitungen usw.
3. Durch den Betrieb der elektronischen Geräte:
   - Kühlflüssigkeit in den Teilen der Klimaanlage (Wärmetauscher, Rückkühleinheiten)
   - Kühlflüssigkeit in flüssigkeitsgekühlten Rechnern
   - Fehlfunktionen der Klimatisierung

Ein individuell abgestimmtes Schutzkonzept, bestehend aus vorbeugenden (planerischen und baulichen), abwehrenden und/oder überwachenden Einrichtungen und einer möglichst weitgehenden Gefahrenvermeidung, soll im Anschluß an die Analyse die Gefährdung Wasser beseitigen oder zumindest weitgehend minimieren.

3.5
Elektrische Versorgung

Die kontinuierliche und permanent gleichbleibende Versorgung aller benötigten Geräte mit Strom ermöglicht erst deren Benutzung; hieraus wird die Schutzwürdigkeit der Stromversorgung und der Stromverkabelungen abgeleitet: Bereits Unterbrechungen von wenigen ms oder geringfügige Stromschwankungen können EDV-Geräte zum Ausfall bringen; aus diesem Grund muß neben der permanenten Stromversorgung auch für eine hohe Qualität des Stroms gesorgt werden.

Die elektrische Verteilung eines Gebäudes besteht aus Einspeisung, von einem Transformator kommend, Elektrohauptverteilung, Niederspannungshauptverteilung und Etagen-Unterverteilung.

Um den Ausfall einzelner Einrichtungen unbeschadet zu überstehen, sollten alle Anlagenteile zweimal vorhanden und räumlich getrennt sein („echte" Redundanz). Durch einfaches Umschalten oder Umklemmen zwischen zwei völlig getrennten Stromversorgungen, die aus zwei verschiedenen Transformatoren gespeist werden, ist die Unterbrechungsgefahr minimiert. Gegen höher angesiedelte Unterbrechungen, die ganze Stadtteile lahmlegen, hilft dieses Schutzkonzept nicht (Ausnahme: Zwei Transformatoren, die von zwei Energielieferanten versorgt werden), da die Redundanz nur bis zur Transformatorstation gehen kann: Hierzu müssen Netzersatzanlagen vorhanden sein und für die Zeit bis zum Ansprechen der Netzersatzanlage benötigt man USV-Anlagen.

3.5.1
Aufrechterhaltung der Stromversorgung

Normalerweise wird der Strom für die benötigten Geräte aus dem öffentlichen Netz entnommen. Da selbst bei redundanter Auslegung eine Stromunterbrechung denkbar ist, benötigt man zur wirklich gesicherten Stromversorgung eine eigene und voll funktionsfähige, d. h. auch ausreichend dimensionierte Netzersatzanlage.

Die meisten Schäden der Stromversorgung entstehen durch indirekte Blitzeinschläge. Die Abb. 19 zeigt, wie viele Ausfälle in einer deutschen Großstadt anfallen.

Eine Netzersatzanlage besteht aus einer Gasturbine oder einem Dieselgenerator, sie wird automatisch gestartet, sollte die Stromversorgung aus dem öffentlichen Netz unterbrochen werden; nach 15–30 s können Netzersatzanlagen den gewünschten Strom liefern.

Die Zeit zwischen dem Netzausfall und der Notstromversorgung durch die Netzersatzanlage muß verzögerungsfrei mit einer aktiven USV-Anlage überbrückt werden, da sonst noch nicht gespeicherte

3.5 Elektrische Versorgung

		Je Umspannwerk (110/10 kV)	Je Transformatorstation (10/0,4 kV)
Absolutzahl an Ausfällen		1 Ausfall in 11 Jahren	1 Ausfall in 5 Jahren
Ausfalldauer pro Störung	minimal	wenige s	wenige min.
	Schnitt	10 min.	30 min.
	maximal	über 30 min.	über 1 h

Abb. 19 Statistische Angaben zu Stromunterbrechungen

Daten im Arbeitsspeicher verloren gehen und Programme und Betriebssysteme unkontrolliert abstürzen. Dadurch können Software- und sogar auch Hardwareschäden entstehen. Hierzu benötigt der Anwender eine aktive, batteriegepufferte USV-Anlage, die nicht nur für eine definierte Zeit die Stromversorgung übernehmen, sondern auch während des Normalbetriebs Schwankungen, Peaks und andere Unregelmäßigkeiten kompensieren.

3.5.2 Überspannungen und Blitzschlag

Das Prinzip des Blitzableiters kennt man seit einigen Jahrhunderten (siehe Abb. 20). Gegen die Gefährdung Blitzschlag benötigt man ein Blitzschutzkonzept, das die folgenden vier Punkte abdeckt (korrekte Auslegung, Dimensionierung und Installierung jeweils vorausgesetzt):

1. Gebäudeblitzschutzanlage für alle Gebäudeteile
2. Konsequent durchgeführter Potentialausgleich, in jedem Gebäude und zwischen miteinander über Strom- oder Datenleitungen verbundenen Gebäuden
3. Grobschutzelemente in Stromhaupt- und Unterverteilungen
4. Feinschutzelemente, individuell für alle zu schützenden elektronischen Geräte für Strom- und Datenleitungen

Abb. 20 Gebäudeblitz-
schule aus dem Jahre 1778
[Dehn GmbH]

Bereits das Nichterfüllen nur eines dieser vier Punkte oder die nicht korrekte bzw. lückenhafte Ausführung kann alle getroffenen Investitionen überflüssig machen, da dann ein Schaden eintreten kann.

Überspannungen im Stromnetz gelangen ohne Schutzeinrichtungen ungehindert über die Stromleitungen an alle angeschlossenen Geräte. Daher sind Grob- und Feinschutzmaßnahmen erforderlich.

Elektronische Geräte und Bauteile können durch indirekten Blitzeinschlag beschädigt werden, selbst wenn der Ort des Blitzeinschlags viele 100 m entfernt liegt. Besonders gefährdet sind EDV-Anlagen, die über Freileitungen versorgt werden und zudem ein komplexes Datennetz aufweisen. Hier sollten Strom- und Datenleitungen bereits im Erdreich geschützt werden. Die Abb. 21 zeigt die stark beschädigte Fassade eines Gebäudes, bei dem ein Blitz in die nicht geschützte Antennenanlage auf dem Gebäudedach direkt einschlug; die unterputz verlegte Antennenleitung erwärmte sich aufgrund des Blitzstroms derart, daß binnen Sekundenbruchteile der Kunststoff-Isolator verdampfte und den Putz absprengte sowie das Mauerwerk beschädigte; derartige Beschädigungen können sich im Gebäude ebenfalls fortsetzen und neben den Gebäudebeschädigungen auch zu Bränden führen.

Abb. 21 Direkter Blitzeinschlag führte zur explosionsartigen Heraussprengung der Antennenleitung
[Dehn GmbH]

3.6 Datenverlust

Elektronisch gespeicherte Daten können aus verschiedenen Gründen plötzlich nicht mehr zur Verfügung stehen:

◆ Diebstahl
◆ Feuer, Verrauchung
◆ Physikalischer Defekt des Datenträgers (Materialfehler)
◆ Falsche Klimatisierung
◆ Fahrlässigkeit (Löschen, Herabwerfen oder Überspielen)
◆ Vorsatz
◆ Magnetfelder (z. B. auch Blitzschlag)
◆ Weitere Gründe (Wasser, Staub usw.)

Aus diesem Grund müssen die in den Speichergeräten vorhandenen Originaldaten dupliziert und in separaten, feuerbeständigen Räumen aufbewahrt werden. Im sicherheitstechnischen Idealfall gibt es F 180-Räume, in denen Roboter (ferngesteuert bzw. selbständig) Bänder dem Lagersystem entnehmen und den Lesestationen zuordnen. Besonders in großen und nicht besonders gesicherten Räumen, in denen die elek-

Abb. 22 Bereits geringe Rauchgaskontaminationen können die Datenträger zerstören

tronischen Datenträger zudem ungeschützt gelagert sind (siehe Abb. 22) kann es aufgrund einer Lapalie, z. B. ein einziger leer geblasener Pulverfeuerlöscher oder einem kleinen Schmorbrand, zu einem Totalschaden kommen; dessen Schadenkosten können so hoch liegen wie ein Totalschaden im CPU-Raum – eine von vielen RZ-Betreibern völlig unterschätzte Gefahr! Hierbei wird auch die große Bedeutung von Schulungsmaßnahmen aller Mitarbeiter offensichtlich.

Um Fehler von Mitarbeitern zu minimieren (z. B. Vertauschen von Bändern), empfehlen sich Roboter in separaten Räumen, die Cartriges den jeweiligen Lesestationen zuordnen; eine Stufe weniger sicher sind separate Datenauslagerungsräume, an die die gleichen Sicherheitsanforderungen zu stellen sind wie an die EDV-Räume.

Weniger empfehlenswert sind Datensicherungsschränke, die sich im gleichen Gefahrenbereich wie die Originaldaten befinden, d. h. im CPU-Raum oder nicht nach F 90 abgetrennten Nebenraum oder offen gelagerte Datenträger, die eine zusätzliche Gefahrenerhöhung (Brandlasterhöhung) darstellen. Auf den Geräten gelagerte Sicherungsbänder bedeuten zudem noch eine weitere Gerätegefährdung, da es zu Hitzestaus kommen kann, aus denen Brände resultieren können; hier werden dann nicht nur die Daten auf den Bändern vernichtet, sondern auch die EDV-Geräte.

Die Grundlage der Datensicherung jedoch bildet das individuell abgestimmte Sicherungskonzept, das aus mehreren Generationen der komplett gesicherten Daten besteht.

3.7 Sonstige Gefahren

Es gibt weitere Gefahren, die ein Unternehmen und dessen EDV-Abteilung bedrohen, die sich aber nicht zu einem der sechs vorangegangenen Unterkapiteln zuordnen lassen. Hierunter fallen weitere mögliche Naturereignisse wie:

- Erdrutsch
- Lawine
- Dammbruch
- Extremes Hochwasser (wie im Oder-Bereich im Juli 1997)
- Vulkanausbruch
- Erdbeben
- Sturm, Orkan, Windhose, Wirbelwind (siehe Abb. 23)
- Hagel

Abb. 23 Überlandleitungen sind gefährdet

- Extremer Schneefall
- und sicher auch noch andere Naturgefahren, die hier nicht erfaßt wurden

Gegen die meisten dieser Gefahren kann man sich nur durch die geeignete Standortwahl schützen. Darüber hinaus gibt es lokal und/oder umgebungsbedingte Vorkommnisse wie:

- Schadstoffemissionen (siehe Abb. 24)
- Erschütterungen
- Löschwasser, Leitungswasser, Regenwasser, Abwasser (siehe Abb. 25)
- Starke Radar- und TV-Sender
- Flugzeugabsturz
- Streik
- Demonstration
- Blockade
- Überschallknall
- Fahrzeuganprall
- Sabotageanschläge auf Nachbarunternehmen, die nichts mit dem eigenen Unternehmen zu tun haben, die sich aber schädigend auswirken (siehe Abb. 26)

Abb. 24 Aggressive Chemikalien können Beton und Geräte angreifen, hier muß gehandelt werden

3.7 Sonstige Gefahren

Abb. 25 Korrosionsschaden durch Überschwemmung (Relectronic-Remech GmbH)

Abb. 26 Oft werden anschlaggefährdete Gebäude erst zu spät von der Polizei bewacht

◆ und sicher auch noch andersartige Gefahren, die entweder extrem selten vorkommen, oder die hier schlicht nicht erkannt wurden

Schließlich sind noch architektonische, bauliche, organisatorische und technische Kriterien zu berücksichtigen:

◆ Einrichtungen abriebsfest
◆ Tragfähigkeit der Böden ausreichend
◆ Die Räumlichkeiten sind speziell für den EDV-Bereich konzipiert
◆ Telefonanlage flächendeckend vorhanden
◆ Rundrufanlage vorhanden
◆ Regelmäßige Doppelbodenreinigung
◆ Die Klimaanlage erzeugt einen Überdruck im EDV-Bereich (dadurch wird das Eindringen von Schmutzpartikelchen erheblich reduziert)
◆ Notbeleuchtung vorhanden
◆ Ungezieferbefall unwahrscheinlich bzw. es sind Vorsorge- und Gegenmaßnahmen getroffen
◆ Feuchte/Schimmel unwahrscheinlich bzw. es sind Vorsorge- und Gegenmaßnahmen getroffen

Wenn ein EDV-Bereich wirklich optimal geschützt sein soll, dann dürfen die erwähnten Naturereignisse ebensowenig wie die umgebungsbedingten Vorkommnisse Schäden anrichten können. Dies läßt sich durch geeignete Standortwahl gewährleisten. Die architektonischen, baulichen, organisatorischen und technischen Gefahren lassen sich nur durch gezielte und rechtzeitig getroffene Gegenmaßnahmen vermeiden oder reduzieren.

4 Mögliche Analysemethoden

Es gibt keine analytische Methode, die allen Anforderungen gerecht werden kann. Risikoanalysen liegen oft die folgenden Fragen zugrunde:

◆ Was kann passieren?
◆ Wie kann es passieren?
◆ Wie oft kann es passieren?
◆ Welche Auswirkungen hat es?

Die Konzeptionierung eines komplexen und anspruchsvollen Hochsicherheitsbereichs erfordert eine umfassende theoretische Vorbereitung.

Auf der einen Seite sind die Gefahren, Bedrohungen, Gefährdungen und Ausfallursachen in ihrer tatsächlichen Größe zu erfassen; auf der anderen Seite sind alle möglichen Abhilfen technischer, organisatorischer, baulicher oder sonstiger Art gegenseitig abzuwägen. Als drittes stellt man alle Gefahren ihren Abwehrmaßnahmen gegenüber und errechnet das Rest- oder Grenzrisiko.

Die hierzu nötigen Informationen und das erforderliche Fachwissen muß groß, interdisziplinär und umfassend sein. Gilt es doch, alle theoretischen Lösungsmöglichkeiten für technische, insbesondere sicherheitstechnische Probleme in ihren Vor- und Nachteilen (bzw. besonderen Einsatz-Stärken und -Begrenzungen) zu kennen.

Des weiteren benötigt man neben der allgemeinen Sicherheitstechnik Kenntnisse auf den Gebieten Architektur, Klimatechnik, Gefahrenmeldetechnik, Datentechnik und weiteren Spezialgebieten. Auch muß die Gesamtheit der technischen und sicherheitstechnischen Erfindungen und Produkte mit ihren speziellen Eigenschaften bekannt sein, um eine geeignete und effektive, kurz richtige Auswahl zu treffen.

Für verschiedene Anwendungsfälle und Problemstellungen gibt es verschiedene Wege, um die Gefährdungen und die Bedrohungspotentiale möglichst objektiv zu erfassen:

1. DIN 25 424 (Fehlerbaumanalyse)
2. DIN 25 419 (Störfallablaufanalyse)
3. PAAG-Verfahren (= HAZOP-Analyse)
4. DIN 25 448 (Ausfalleffektanalyse)
5. Bedienungsfehler-Analyse
6. Störungs-Auswirkungs-Analyse
7. Anwendung von Checklisten, Fragenkatalogen
8. Matrix-Darstellung von Wechselwirkungen

Das PAAG-Verfahren (englisch: HAZOP) wurde speziell für die chemische Industrie entwickelt, kann aber auch in anderen Bereichen zum Einsatz kommen. Daneben könnte man noch die DIN-Normen 25 424, 25 419 und 25 448 zitieren sowie Checklisten und Fragenkataloge – letzteres ist beispielsweise in den Sicherheitsabteilungen der großen Industrie-Versicherungen üblich, um über Risiken möglichst genaue Angaben zu erhalten.

Die Abb. 27 stellt diese acht Methoden gegenüber und berücksichtigt den jeweiligen Zweck und das Ziel.

Unter wirtschaftlichem Aspekt versteht man das betriebswirtschaftlich Erfaßbare. Der technische Aspekt meint das mathematisch Erfaßbare und damit ein berechenbares Risiko. Dafür gibt es zwei Wege:

1. Der induktive Weg der empirischen Auswertung von Schadenstatisitken (retrospektive Methoden; die Gefahrenerkennung wird zum zentralen Anliegen). Es gibt die folgenden induktiven Methoden:
   - Preliminary Hazard Analysis (= PHA), vor allem für Flugzeugbau geeignet; es geht primär um hohe Energiepotentiale
   - Failure Mode and Criticality Analysis (FMCA), vor allem für die Automobilindustrie geeignet. Mittels Versagenszuständen von Einzelteilen soll die Auswirkung auf das System untersucht werden
   - Hazard and Operability Study (= HAZOP), vor allem in der chemischen Industrie verwendet. Mittels Leitworten werden Abweichungen vom Soll sowie die resultierende Wirkung auf das Gesamtsystem untersucht

4 Mögliche Analysemethoden

Methode	Zweck	Ziel	Vorgehensweise
Fehlerbaumanalyse (DIN 25 424)	Quantifizierung von Gefahrenquellen (Wahrscheinlichkeiten)	Reduzierung der Ausfallwahrscheinlichkeit	Graphische Dokumentierung mit Wahrscheinlichkeitsberechnungen
Störfallablaufanalyse (DIN 25 419)	Quantifizierung von Gefahrenquellen (Wahrscheinlichkeiten)	Reduzierung der Ausfallwahrscheinlichkeit	Graphische Dokumentierung mit Wahrscheinlichkeitsberechnungen
Ausfalleffektanalye (DIN 25 448)	Gefahrenquellen erkennen und beseitigen	Lückenlosigkeit des Schutzkonzeptes	Tabellarische Dokumentierung aller Abläufe
PAAG-Verfahren (HAZOP)	Gefahrenquellen erkennen und beseitigen	Lückenlosigkeit des Schutzkonzeptes	Tabellarische Dokumentierung aller Abläufe
Bedienungsfehleranalyse	Gefahrenquellen erkennen und beseitigen	Lückenlosigkeit des Schutzkonzeptes	Tabellarische Dokumentierung aller Abläufe
Störungs-Auswirkungs-Analyse	PMC-Bewertung	Optimierung der Planung	Stochastische Erfassung physikalischer und chemischer Vorgänge
Checklisten, Fragenkataloge	Gefahrenquellen erkennen und beseitigen	Lückenlosigkeit des Schutzkonzeptes	Fragen mit Ja / Nein beantworten
Matrix-Darstellung von Wechselwirkungen	Gefahrenquellen erkennen und beseitigen	Lückenlosigkeit des Schutzkonzeptes	Anregung zu Kombinationen

Abb. 27 Zusammenfassung einiger systematischer Methoden zur Risikobewältigung

- Zürich Hazard Analysis (= ZHA). Verschiedene Betrachtungsebenen sollen Gefahren erkennen, nach Ursache und Auswirkung untersuchen und bewerten sowie Maßnahmen ableiten.

2. Der deduktive Weg (spekulative Methoden) der geplanten, vorausschauenden Risikoanalyse. Es gibt die folgenden deduktiven Methoden:
   - Fehlerbaumanalyse (Fault Tree Analysis, = FTA)
   - Ereignisbaum (= Event Tree); es wird ermittelt, unter welchen Bedingungen eine Ursache zu bestimmten Ereignissen führen kann.

Unfallanalysen (retrospektiv) finden häufiger als Gefährdungsanalysen (prospektiv) statt, bei den oftmals sinnvolleren (da kostensparend) Gefährdungsanalysen besteht ein Methodendefizit. Die erforderlichen Maßnahmen an Risikoabschätzung und Abgrenzung ist nur in Zusammenarbeit zwischen Naturwissenschaft und Technik auf der einen Seite und Legislative, Exekutive und Judikative auf der anderen Seite möglich.

Alle Verfahren wollen dem Risiko die Subjektivität nehmen und eine möglichst objektive Darstellung bringen. Doch jedes Gutachten ist die objektive Niederschrift einer oder mehrerer immer noch subjektiven Meinungen. Objektivität ist ein Ideal, das man anstreben muß, aber nie ganz erreichen kann.

In der DIN 25 424 (Fehlerbaumanalyse, deduktiv) gibt ein unerwünschtes Ereignis vor; ausgehend von diesem Ereignis sucht man nach allen Ursachen, die zu eben diesem Ereignis führen können. Das Verfahren wird für Systeme aller Art empfohlen und berücksichtigt auch Zeitabhängigkeiten. Am Gesamtziel der Fehlerbaumanalyse steht die systematische (lückenlose) Identifizierung der wahrscheinlichen Ausfallgründe sowie die Quantifizierung der Eintrittswahrscheinlichkeiten. Die Abläufe verschiedener Ereigniszustände, die zu einem unerwünschten, vorgegebenen Ausgangszustand führen können, werden in der Fehlerbaumanalyse graphisch mit „und-" oder „oder"-Verknüpfungen logisch zusammenhängend dargestellt. Sind die Wahrscheinlichkeiten für die Basisereignisse bekannt, lassen sich über die stochastischen Gesetze alle Eintrittswahrscheinlichkeiten berechnen. Die Fehlerbaumanalyse dient der Untersuchung des Ausfallverhaltens eines Systems oder Bauteils. Die Analyse zeigt die Zusammenhänge auf, ob ein Bauteil versagen kann und wie sich dieses Versagen fortpflanzen könnte.

Die DIN 25 419 (Störablaufanalyse, induktiv) sucht aus bestimmten, wahrscheinlichen (möglichen) Abläufen (sogenannte Basisereignisse) unerwünschte (schädliche) Folgeereignisse. Auch diese Analyse ist in ihrem Einsatzbereich nicht beschränkt. Graphische Darstellungen sind auch hier üblich.

Die DIN 25 448 (Ausfalleffektanalyse) wird primär in der Kerntechnik und der Luft- und Raumfahrttechnik zum Auffinden von Schwachstellen eingesetzt, sie ist aber auch auf andere technische Bereiche übertragbar. Hier werden Ausfallfolgen einzelner Systemkomponenten betrachtet. Ziel ist das qualitative Bewerten von Systemen.

In der Litaratur findet man zu nahezu allen individuellen Einzel-Problemen Lösungsansätze und -wege. Viele der auch neuen Publikationen haben jedoch einen zusehr abstrakt-wissenschaftlichen Charakter, d. h. die Methoden sind in der Praxis wenig oder nicht handhabbar. Die Analysen unterteilen sich in betriebs- und bereichezogene Analysen und in Arbeitsplatzanalysen. Direkte Gefährdungsanalysen erfassen den Ist-Zustand und vergleichen ihn mit dem Soll-Zustand; solche Einzelfalluntersuchungen bezeichnet man als kasuistisch. Indirekte Gefährdungsanalysen bestehen in Unfalluntersuchungen; die Untersuchung von vielen Fällen bezeichnet man als statistisch. Viele Systeme arbeiten mit Fragenkatalogen und Checklisten, um Schwachstellen aufzudecken und keine wesentlichen Punkte zu übersehen. Keine Methode garantiert jedoch sicheres Erkennen aller Gefahren; die Ergebnisse sind immer subjektiv, so objektiv sie auch dargestellt werden.

Um abschließend die Bedrohung festzustellen, gibt es vier verschiedene Gefährdungsbewertungen:

1. Auswertungsmöglichkeit: Feststellung des höchsten Gefährdungsmaßes (maximaler Wert)
2. Auswertungsmöglichkeit: Bildung von Mittelwerten der Gefährdungsmaße, um verschiedene Gefährdungen zu vergleichen
3. Auswertungsmöglichkeit: Einzelgefährdungen addieren sich aus ihren Teilvorgängen zu einer Gesamtgefährdung
4. Auswertungsmöglichkeit: Bildung einer Gefährdungskennzahl (in %) als Mittelwert aller Gefährdungen

Viele und umfangreiche Bücher und Artikel in Fachzeitschriften zeigen immer wieder Lösungswege zu bestimmten Problemen auf. Meistens werden Risikoanalysen, Schutzziele, Sicherheitsplan und Realisierung als Sicherheitskonzept empfohlen sowie anschließende regelmäßige Schulung. Beispielsweise seien einige im nachfolgenden genannt:

Das PAAG-Verfahren (**P**rognose von Störungen, **A**uffinden der Ursachen, **A**bschätzen der Auswirkungen, **G**egenmaßnahmen), auf englisch unter dem Namen HAZOP-Verfahren bekannt, dient dazu, Risiken in der chemischen Industrie zu erfassen. Es werden toxische Ausgangs-, Zwischen- und Endprodukte analysiert sowie mögliche chemische Reakktionen. Dabei gibt es folgendes Vorgehen:

- Aufgabenstellung und Umfang wird festgelegt
- Ernennung eines sicherheitstechnisch erfahrenen Projektleiters
- Beschreibung des Untersuchungsobjekts
- Auswahl eines geeigneten, interdisziplinären Teams
- Analyse anhand von Leitworten (mehr, weniger, voll, leer, nein, nicht, geht nicht, sowohl als auch, teilweise, anders als, Umkehrung usw.) durchführen
- Aufbereiten der Ergebnisse
- Umsetzen der Ergebnisse

Ziele des PAAG-Verfahrens sind u. a. Prüfungen von Entwürfen und Verbesserung der Sicherheit. Es fällt auf, daß die Vorgehensweisen bei den verschiedenen Methoden sich prinzipiell immer in Bereichen mehr oder weniger stark ähneln, abgesehen von der deduktiven und induktiven Ausgangssituation.

Mit der VDI-Richtlinie 3822 wird eine Hilfe zur Erstellung von Schadensanalysen angeboten, die auf Erfahrungen aus verschiedensten technischen Bereichen beruht.

Eine Funktionsanalyse dient dazu, durch logische, schrittweise Betrachtung von funktionell verknüpften Bauteilen kritische Stellen aufzuzeigen. Daraus resultieren konstruktive Maßnahmen, um einen Ausfall zu vermeiden.

Die Schwachstellenanalyse betrachtet Ausfallursachen und untersucht, ob aufgrund dieser Mängel das Bauteil versagen kann.

Analytische Verfahren (boolsche Verfahren, rechnergestützte Verfahren oder Zufallsprozesse) berechnen Wahrscheinlichkeiten von komplexen Systemen, wenn genügend Basiszahlen vorhanden sind. Bei einem derart komplex verknüpften System wie einem Gebäude mit technischen Einrichtungen und möglichen menschlichen Fehlerquellen kann diese Theorie, auch aufgrund des Nichtvorhandenseins von Zahlenmaterial, nicht befriedigen. Einzelkomponenten (z. B. Klimaanlagen, EDV-Anlagen) lassen sich derart (technisch) überprüfen. In ihrem Zusammenspiel und unter Berücksichtigung nichttechnischer Fehler- und Schadenmöglichkeiten (Blitzschlag, menschliches Versagen, Vorsatz, Rohrleitungsbruch usw.) jedoch sind derartige mathematische Modelle überfordert.

Einen praxisorientierten, auf großer Schadenerfahrung beruhendenden Weg zur Risikominderung industrieller Risiken haben die Sicherheitsingenieure der Industrieversicherungen entwickelt. Komplexe Schadenursachenforschungen führen zur Risikoidentifizierung und über die Risikoberwertung zu Sicherungszielen und damit zur Risikobewältigung. Es wurden auch Verfahren zur Schadenminderung (Sachschaden) und Verkürzung der Unterbrechungszeiten (BU-Schaden) entwickelt.

Die meisten der in der Literatur zu findenden Vorgehensweisen basieren auf dem folgenden 5-Punkte-Prinzip, nur die Schwerpunkte sind individuell unterschiedlich gesetzt:

1. Gefahr beseitigen
2. Gefahr von Menschen/Sachen trennen
3. Gefahr oder Mensch/Sachen abschirmen
4. Anpassung an die Gefährdung
5. Minimierung der Folgewirkungen

Die unmittelbare Sicherheitstechnik (technische Erzeugnisse sind so gestaltet, daß keine Gefahren vorhanden sind) ist der mittelbaren Sicherheitstechnik (d. h. unmittelbare Sicherheitstechnik ist nicht realisierbar, also müssen besondere sicherheitstechnische Maßnahmen ergriffen werden) vorzuziehen und diese wiederum der hinweisenden Sicherheitstechnik (d. h. technische Bedienungsanleitungen, die vom Willen, Wollen und Können der Anwender abhängig sind).

Die bis jetzt aufgezeigten Lösungswege sind entweder (sehr oder zu) theoretisch und allgemein gehalten, wie die DIN-Normen, oder aber sehr speziell auf besondere Problembereiche ausgerichtet. Keines dieser Verfahren dient dazu, das anspruchsvolle sicherungstechnische

Konzept für ein Hochsicherheitsgebäude von Anfang bis Ende zu konzipieren: Dies soll und kann auch garnicht funktionieren, denn diese Konzepte haben dies auch nicht zum Ziel.

In diesem Buch soll erstmals der theoretische Lösungsweg zur ganzheitlichen Konzipierung eines Hochsicherheitsgebäudes aufgezeigt werden; Schnittstellenprobleme, Mißverständnisse, Kommunikationsprobleme und andere der Schwächung des Schutzniveaus dienende Probleme sollen hierbei gänzlich vermieden, oder auf ein Minimum reduziert werden. Denn sicherheitstechnische Lösungen können nicht durch eine Reihe von Einzelmaßnahmen erreicht werden; gefordert ist ein homogen koordiniertes Gesamtkonzept.

Der Sicherheitsgedanke muß von Anfang an bei der Planung Berücksichtigung finden; dazu ist die Zusammenarbeit mehrerer Wissenschaften nötig, vgl. Abb. 28; kein Wissenschaftler kann sich anmaßen, diesen Anforderungen allein gerecht zu werden. Natürlich können mehrere Bereiche der Abb. 28 von einem Wissenschaftler oder von einer Sicherheitsfachkraft abgedeckt werden, beispielsweise Mathematik, Physik und Architektur von einem Ingenieur oder Medizin und Ergonomie von einem Betriebsarzt. Die Abb. 29 zeigt die völlig verschiedenartigen Probleme und Gefährdungen auf, die in einem

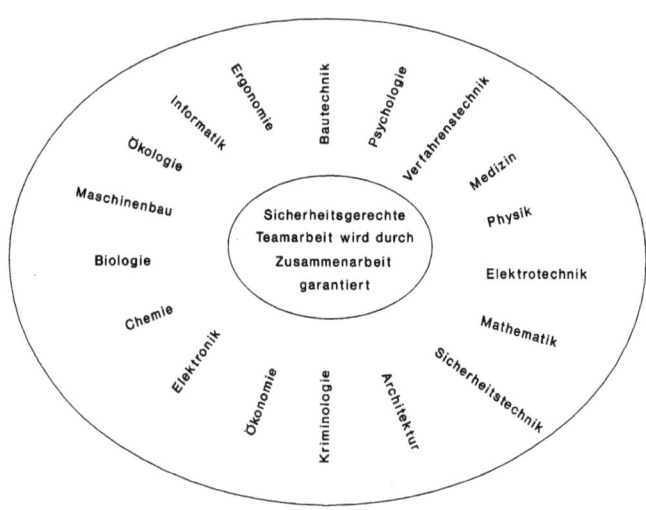

Abb. 28 Interdisziplinäre wissenschaftliche Bereiche zur Konzipierung von ganzheitlichen Sicherheitskonzepten

4 Mögliche Analysemethoden

Abb. 29 Vorab zu klärende Probleme, wenn ein Gebäude errichtet werden soll

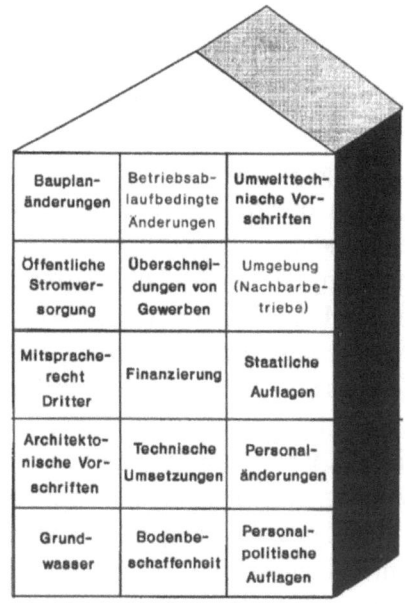

Gebäude, oder von außen auf das Gebäude gerichtet, entstehen können; damit soll die Notwendigkeit eines interdisziplinären Teams aufgezeigt werden. Sicherheitstechnische Gesamtlösungen sind in der Planungsphase kostengünstiger und effektiver als Einzellösungen mit Nachbesserungen.

Zuerst wird ein alle Bereiche umfassender Gesamt-Sicherheitsplan erstellt, für den die leitenden Sicherheitsbeauftragten verantwortlich sind; dieser grobe Plan enthält die Detail-Sicherheitspläne. Um einen gesamtheitlichen Sicherheitsplan zu erstellen, bedarf es einem interdisziplinären Team von Fachkräften, denn nur wenn technische und sicherheitstechnische Spezialisten und medizinische Fachkräfte zusammenarbeiten, werden Schnittstellenprobleme minimiert und eventuell in der Praxis auftretende Probleme vorab erkannt.

Eine in der Praxis immer wieder auftretende Thematik ist die Kosten-Nutzen-Abgrenzung bzw. die Wirtschaftlichkeit von Sicherheitseinrichtungen. Durch die unterschiedlichen, ja teilweise sogar konträren Ziele von Wirtschaftswissenschaftlern und Sicherheitstechnikern entstehen hier oftmals vor und während der Realisierung eines Sicherheitskonzepts Differenzen.

Die Teilnahme von Sozialwissenschaftlern ist ein nicht zu unterschätzender Faktor bei der Erstellung von Sicherheitskonzepten. Ziel ist nicht eine lediglich Umsetzung von sicherheitstechnischen Zielen, sondern auch die Akzeptanz derer für diese der Sicherheit dienenden Auflagen und Einrichtungen, die in diesen Gebäuden arbeiten. Die Abb. 30 zeigt graphisch die drei Stützsäulen eines Sicherheitskonzepts: Nur, wenn organisatorische, technische und bauliche Maßnahmen gleichermaßen bei der Konzepterstellung Berücksichtigung finden, kann die angestrebte Lückenlosigkeit erreicht werden. Technische und bauliche Maßnahmen müssen in die Planungs- und Bauphasen einfließen, die organisatorischen Maßnahmen hingegen fließen lediglich in die Phase der Planung ein und werden nach Fertigstellung endgültig umgesetzt.

Die Abb. 31 zeigt ein Schema zur objektiven Risikoeinschätzung und -abwägung, das sowohl bei einem Gesamtkonzept, als auch für kleinere Detailprobleme angewendet werden kann. Die Grundlage bildet ein untergliedertes, vierteiliges Vorgehensraster:

Punkt I klärt vor der Realisierung zu treffende Punkte. Im nächsten Schritt (Punkt II) sollen die erkannten Gefährdungen nach einem mehrstufigen Schema beseitigt, erheblich eingedämmt oder lediglich reduziert werden: Ideal ist die Realisierung von Punkt 1 (Beseitigung

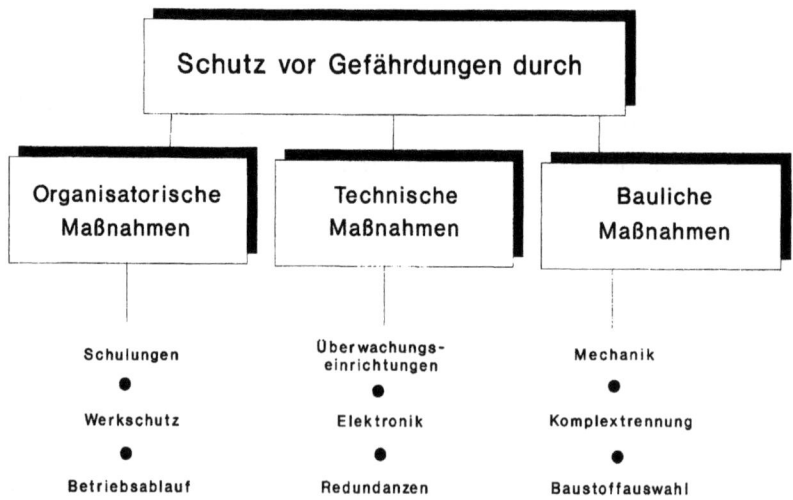

Abb. 30 Schutzmaßnahmen gegen Gefährdungen

4 Mögliche Analysemethoden

I. Vorab zu klärende Punkte

1. Festlegen eines Mindestschutzniveaus (= Grenz- oder Restrisiko)
2. Geeignete Analyse zur Gefahrenerkennung aussuchen
3. Gefahren erkennen und einzeln diskutieren
4. Bestimmung der Gefährdung, des Gefährdungsgrades
5. Vergleich des angestrebten Grenz- oder Restrisikos mit dem Ist-Stand
6. Entscheidung treffen: Handeln / nicht handeln

II. Methodik zur Reduzierung des Risikos

1. Die vorhandene Gefährdung von Anfang an:
   - beseitigen
   - vermeiden
   - ersetzen
   - eliminieren

   → Gefährdung nicht mehr vorhanden

2. Die vorhandene Gefährdung:
   - umhüllen
   - eindämmen
   - kontrollieren
   - isolieren

   → Gefährdung gebannt, aber noch vorhanden

3. Gefährdete Personen/Sachen außerhalb des Einflußbereiches aus der Gefährdung bringen

   → Gefährdung kann sich nicht mehr negativ auswirken

4. Gefährdete Personen/Sachen:
   - umhüllen
   - schützen
   - sichern
   - bewachen

   → Gefährdung kann sich nur bedingt negativ auswirken

5. Katastrophenpläne erstellen

   → Auswirkung der Gefährdung wird nach Unfall/Katastrophe schnell und kontrolliert organisatorisch beseitigt

6. All-risk-Sach- und Betriebsunterbrechungsversicherungen und technische Versicherungen abschließen

   → Auswirkung der Gefährdung wird nach Unfall/Katastrophe finanziell bewältigt

III. Anschließende Vorgehensweise

1. Überprüfen der Effektivität der getroffenen Maßnahme (Bestimmung des neuen Grenz- oder Restrisikos)
2. Vergleich mit dem Mindestschutzniveau
3. Folgewirkungen abwägen
4. Entscheidung, ob weitere Sicherungsmaßnahmen zu treffen sind
5. Untersuchung, ob mehrere der unter II. aufgezeigten Wege das Restrisiko verringern
6. Kontrolle, ob aus den getroffenen Maßnahmen keine neuen Gefährdungen entstehen

IV. Abschließende Beurteilung

1. Sind die getroffenen Maßnahmen wirkungsvoll?
2. Gibt es Alternativen zu den getroffenen Maßnahmen?
3. Stehen die Aufwendungen in Relation zur Gefährdung?
4. Stehen die Aufwendungen in Relation zur Risikoverbesserung?
5. Werden andersartige Gefährdungen oder von dieser Gefährdung andere bedrohte Bereiche ebenfalls geschützt?
6. Harmonieren die getroffenen Maßnahmen untereinander (bezogen auf eine Gefährdung) und nebeneinander (bezogen auf weitere Gefährdungen)?

V. Analyse der nächsten Gefährdung

Abb. 31 Methodik der effektiven Risikobewältigung bei EDV-Bereichen

der Gefährdung); sollte dies nicht möglich sein oder wenn Alternativen erneut Gefährdungen aufwerfen, so sind diese zu umhüllen, einzudämmen, kontrollieren oder isolieren (Punkt 2). Sind selbst diese Maßnahmen nicht umzusetzen bzw. bringen sie nicht den gewünschten Erfolg, so müssen die bedrohten Personen bzw. Sachen entfernt (Punkt 4) oder umhüllt, geschützt, gesichert oder bewacht werden. Ansätze dazu sind bereits in der Literatur zu finden.

Die Höhe jeder einzelnen Gefährdungsart ist den jeweils individuell unterschiedlichen Gegebenheiten einerseits sowie den statistischen Erfahrungen andererseits zu entnehmen bzw. daraus zu mitteln.

Die beiden letzten Punkte (Punkt 5: Katastrophenpläne erstellen und Punkt 6: Versicherungen abschließen) sind als zu den Punkten 1, 2, 3 oder 4 zusätzliche, unterstützende Maßnahmen zu sehen und weder ausschließlich zu realisieren, noch in ihrer Bedeutung den anderen vier Punkten über- oder unterzuordnen.

Die Einwirkung auf das Gefährliche ist in aller Regel wirkungsvoller als die Einwirkung auf die gefährdeten Personen oder Sachen.

Nach der Realisierung einer oder mehrerer Maßnahmen ist (siehe Punkt III) zu überprüfen, ob diese auch ausreichend effektiv wirkt und ob von dieser nicht eventuell neue, andersartige Gefährdungen ausgehen.

Die unter Punkt IV zu treffenden Beurteilungen dienen der abschließenden Einschätzung der durch die getroffenen Maßnahmen neuen Situation; sie soll dazu dienen, distanziert aus verschiedenen Betrachtungswinkeln die richtige Lösung zu finden.

Dabei darf nicht unberücksichtigt bleiben, daß jede Alternative wieder andere, neue Gefahren birgt. So beseitigt beispielsweise ein Staudamm die Gefahr der relativ langsamen Überschwemmung, birgt jedoch die neue Gefahr eines plötzlichen Dammbruchs. Während man auf eine Überschwemmung (ähnlich auf ein Feuer) meist noch reagieren kann, kommt ein Dammbruch einer Explosion gleich, d. h. es können keine Schutzmaßnahmen mehr ergriffen werden.

Eines der Hauptprobleme bei der Beurteilung von Risiken liegt in der objektiven Beurteilung des status quo und der sicherheitstechnischen Maßnahme; um diesem möglichst effektiv entgegenzuwirken, wurde ein Schema zur Objektivierung ermittelt; mit derartigen gefährdungsindividuellen Diagrammen (siehe Abb. 32) ermöglicht sich eine weitgehend objektive Darstellung der Risiken, beruhend auf den subjektiven Erfahrungswerten der Planer.

4 Mögliche Analysemethoden

Abb. 32 Schema zur Einstufung von Risiken

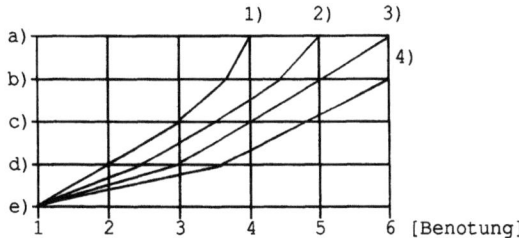

1) = Bedrohung relativ unwahrscheinlich
2) = Normales Bedrohungs-/Gefährdungspotential
3) = Erhöhte Gefährdung
4) = Stark gefährdet
1–6 = Beurteilung der Schutzmaßnahmen (1 = sehr gut, 2 = gut, 3 = befriedigend, 4 = ausreichend, 5 = mangelhaft, 6 = ungenügend)
a) = Schutz gegen die Gefahr „X" stark unterdurchschnittlich
b) = Schutz gegen die Gefahr „X" unterdurchschnittlich
c) = Schutz gegen die Gefahr „X" durchschnittlich
d) = Schutz gegen die Gefahr „X" überdurchschnittlich
e) = Schutz gegen die Gefahr „X" stark überdurchschnittlich

Mit diesem Schema lassen sich auf der einen Seite die Risikosituation vor und nach getroffenen Sicherungsmaßnahmen beurteilen und dies nach einem einheitlichen Schema; andererseits sind die unterschiedlichen Risiken damit in einer Zahl auszudrücken und mit einem Korrektur- bzw. Wichtungsfaktor untereinander zu vergleichen. Dies ist nicht nur wichtig für die Aufteilung der für die Sicherheit zur Verfügung stehenden finanziellen Mittel, sondern auch für deren sicherheitstechnisch sinnvolle Verteilung.

5 Schema der konkreten Risiko- und Schutzniveauermittlung

Die unterschiedlichen und erwähnten Vorgehensweisen analysieren mehrere Lösungswege. Die individuell aufbereiteten Checklisten zeigte sich als der beste bzw. geeignetste Lösungweg.

Die einzelnen Beurteilungskriterien, die zu den Einzelnoten der verschiedenen Bereiche beitragen, werden jeweils nach den folgenden vier Punkten analysiert:

a) Ist die Investition für die EDV-Anlage bzw. das Rechenzentrum notwendig, oder zumindest für Teile davon?
b) Was kostet die Anschaffung?
c) Wie teuer ist der Unterhalt der Anschaffung im Jahr?
d) Wie zuverlässig und effektiv ist die Anschaffung (Erfüllungsgrad bzw. Sinn der Anschaffung)?

5.1
Maßnahmen gegen Einbruch, Diebstahl, Sabotage und Vandalismus

Es besteht die Gefahr, daß Menschen (Mitarbeiter, ehemalige Mitarbeiter oder unternehmensfremde Personen) Anschläge gegen die EDV-Anlage planen. Die Motive können völlig unterschiedlicher Natur sein – sie zu kennen bedeutet nicht, daß man sich sicher davor schützen kann, vielmehr dient es dem Einschätzen der Bedrohung (Wie wahrscheinlich ist ein Anschlag?), woraus gezielte Vorsorge- und Gegenmaßnahmen unterschiedlicher Größenordnungen resultieren. Anschläge sind in allen Bereichen denkbar und möglich:

- Außerhalb des EDV-Bereichs (Klimaanlagen, Stromversorgung, Datenleitungen, Technikräume, Gas- oder Ölversorgung usw.)
- Innerhalb des EDV-Bereichs (an/in jedem Raum, der zum EDV-Bereich gehört)

Stellt das Unternehmen aktive (Leitern, Werkzeug, brennbare Flüssigkeiten usw.) oder passive (dunkle Ecken, unbewachte bzw. ungeschützte Bereiche usw.) Hilfsmittel bereit, Anschläge zu erleichtern? Wenn ja, so sind diese Schwachstellen zu beseitigen.

Welche technischen Möglichkeiten gibt es, Anschläge zu verhindern oder zumindest erheblich zu erschweren und/oder das Schadenausmaß möglichst gering zu halten? Es sind:

◆ bauliche,
◆ mechanische,
◆ technische und
◆ organisatorische Schritte
zur Abwehr bzw. Schadenbegrenzung zu gehen.

Bauliche und mechanische Maßnahmen sollen für eine mechanisch stabile Gebäudeaußenhaut und für mehrere ebensolcher Abtrennungen im Gebäude sorgen; so sollte beispielsweise bereits die juristische Grundstücksgrenze effektiv gegen allzu leichtes Betreten gesichert sein (siehe Abb. 33). Ist dies nicht möglich, beispielsweise weil die

Abb. 33 Alarmüberwachte und übersteiggeschützte Zäune verringern die Gefahren Einbruch und Brandstiftung

Abb. 34 Durchwurfhemmende Verglasung schützen vor Brandsätzen und Blitzeinbrüchen

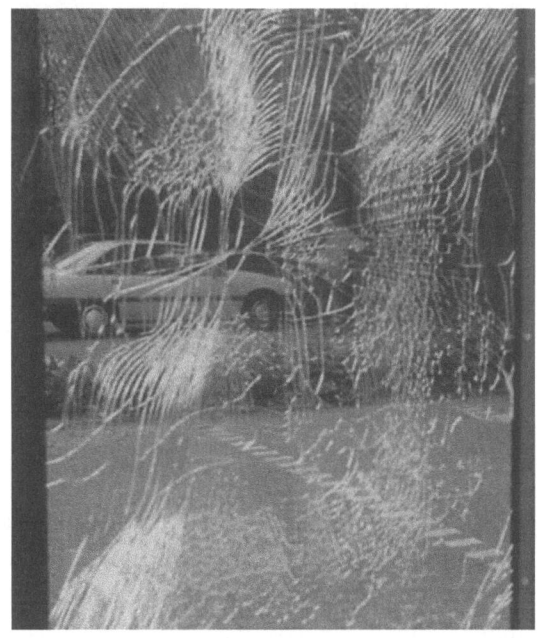

Gebäudeaußenhaut direkt an der Straßenseite steht, so sollten die Fenster einbruchhemmend verglast sein, sodaß kein schneller Einbruch oder das Einwerfen eines Brandsatzes erfolgen kann (siehe Abb. 34). Technische Maßnahmen überwachen Einbruchversuche (Einbruchmelder, siehe Abb. 35), verhindern das schnelle Ausrauben bzw. das sich Zurechtfinden in den Räumlichkeiten (Nebelanlagen, siehe Abb. 36) und regulieren den Zutritt (Zutrittskontrollsysteme); zu Nebelanlagen ist jedoch anzumerken, daß diese nur unter besonderen Bedingungen zum Einsatz kommen dürfen. So besteht die Gefahr, daß sich Menschen im Nebel verletzen oder Feuerwehrkräfte den Nebel für Brandrauch halten und löschen – wer die Verantwortung für die jeweiligen Verletzungen bzw. Schäden trägt, ist in jedem Einzelfall zu klären.

Darüber hinaus getroffene organisatorische Maßnahmen berücksichtigen, daß mechanische und technische Maßnahmen allein keine ausreichende Sicherheit garantieren können.

Egal, aus welcher Richtung ein Sabotageanschlag kommt, sicherheitstechnische Einrichtungen müssen bereits an der Grundstücks-

Abb. 35 Alarmdraht-
spinnen sind optimal zur
sicheren Scheibenüber-
wachung

grenze beginnen und darüber hinaus fortgesetzt werden („Zwiebel-
schalenmodell"). So kann es bei einem hoch zu sichernden RZ Sinn
machen, die Wände mechanisch besonders stabil auszulegen und
zugleich auch elektronisch auf Durchbruch zu überwachen. Die
Alarmmeldungen müssen jedoch sicher abgesetzt werden, denn wenn
Attentäter an leicht zugänglichen Stellen Telefonleitungen unterbrechen können (siehe Abb. 37), dann nutzt selbst eine zuverlässig mel-
dende Einbruchmeldeanlage nichts mehr.

Externe Personen mit kriminellen Absichten suchen sich ein Unternehmen für Anschläge vor allem dann aus, wenn das Unternehmen in
der Öffentlichkeit unbeliebt ist und/oder in den Medien häufig disku-

Abb. 36 Vernebelungs-
anlagen können Ein-
brüche und Brand-
stiftungen verhindern

Abb. 37 Gefahrenmeldeanlagen nutzen wenig, wenn die Telefonleitung derart leicht erreichbar ist

tiert wird. Finanziellen Anreiz gibt es bei diesen ideologischen Attentätern nicht; sie sehen ihren Erfolg, wenn ein möglichst großer Teil der Bevölkerung auf ihre Tat in den Massenmedien hingewiesen wird und der Sabotage-, Feuer- und Betriebsunterbrechungs-Schaden besonders groß ist. Die Attentate gegen Unternehmen selbst müssen nicht direkt das gesamte Unternehmen bedrohen, sie können sich auch auf wichtige Teilbereiche konzentrieren, etwa die Stromversorgung, die Lager oder Produktionsbereiche, bevorzugt Rechenzentren, die Klimaanlagen des Rechenzentrums oder die Datenaufbewahrungsräume, um dem gesamten Unternehmen großen Schaden zuzufügen.

Sabotageanschlägen von Mitarbeitern (oder auch von ehemaligen Mitarbeitern) sind generell in jeder Unternehmensart und in jedem Bereich möglich, denn die Ursache für die kriminelle Handlung liegt meist in persönlichen Gründen und nicht in der Unternehmensart selbst. Deshalb sind gegen Sabotageanschläge von Mitarbeitern auch immer relativ aufwendige und komplizierte Maßnahmen zu ergreifen (anders als gegen Anschläge Externer), denn dieser Personenkreis zeichnet sich dadurch aus, daß er sich in organisatorischen, räumlichen, personellen und sicherheitstechnischen innerbetrieblichen Belangen sehr gut auskennt und demzufolge gezielt und effektiv vorgehen kann.

Ein effektives Schutzkonzept, bestehend aus elektronisch überwachter Mechanik und Wachpersonal, muß dafür sorgen, daß Eindringlinge entweder überhaupt nicht in die Räumlichkeiten des EDV-Bereichs gelangen, oder daß sie dort keinen Schaden anrichten können, bevor Interventionskräfte eingreifen. Zudem sind Mechanik und

Abb. 38 Mechanik (EH-Fenster) und Elektronik (Kameras) in sinnvoller Kombination

Elektronik sinnvoll zu kombinieren, sodaß sie sich gut ergänzen: Die Abb. 38 zeigt eine durchbruchhemmend ausgelegte Außenscheibe, deren Front noch zusätzlich mit Videokameras überwacht wird.

Sollte ein größerer Schaden in kurzer Zeit anzurichten sein (d. h. also in jedem Elektronikraum), muß jede Schwachstelle (primär Türen und Fenster) mechanisch äußerst stabil ausgelegt sein und die Alarmüberwachung vor (und nicht hinter) diese Barrieren angebracht werden, so wie z. B. eine Alarmspinne auf der Außenscheibe einer Doppelverglasung, während die Innenscheibe einbruchhemmend ausgelegt ist. In diesem Fall kann Hilfe gerufen werden, noch während die äußere Schutzhülle angegriffen und zerstört wird. Die Zeit zum Überwinden der Barriere mit entsprechendem Werkzeug ist in Relation zur Eingriffszeit der Schutzkräfte zu setzen. Das wirkungsvolle und aufeinander abgestimmte Zusammenspiel von mechanischen Elementen, elektronischen Meldeanlagen und Wachpersonal ist entscheidend für die Qualität des Schutzkonzepts.

Die Qualität der Barrieren wird dem Risiko entsprechend gewählt bzw. den angenommenen Werkzeugen, mit denen potentielle Täter die Sicherungen zu überwinden versuchen; bei hochgefährdeten Gebäuden ist z. B. mit dem Einsatz von elektrischen Geräten wie Bohrmaschinen, Winkelschleifern, Schneidbrennern oder im Extremfall auch Sprengladungen zu rechnen.

5.1 Maßnahmen gegen Einbruch, Diebstahl, Sabotage und Vandalismus

Ein Sicherheitskonzept ist so gut wie seine schwächste Stelle. Diese Aussage, über alle anliegenden unterschiedlichen Bedrohungen ausgesprochen, gilt auch für jede einzelne Bedrohung im Detail: Sollte ein einziges Fenster mechanisch nicht gesichert sein, alle anderen Fenster zum selben Bereich aber schon, so nützt der Schutz an den anderen nichts, so lange nicht auch diese eine Schwachstelle nachgerüstet wird – vergleichbar mit der Stabilität einer Kette, die vom schwächsten Glied abhängt (siehe Abb. 39). Alle mechanischen Elemente der Ummantelung des EDV-Bereichs müssen in etwa vergleichbare Widerstandszeiten gegen physische Gewalt haben, um nicht unter- bzw. überdimensioniert zu sein, denn die Qualität der mechanischen Schutzeinrichtungen wird vom schwächsten Bauteil bestimmt.

Da bis zu 5 % aller Einbrüche mit Nachschlüsseln vollzogen werden, wird die Notwendigkeit von kopiergeschützten oder nicht leicht kopierbaren Schlüsseln offensichtlich.

Die Grundstücksumhüllungen (Zaun, Mauer, Tore) sollen nicht mit einfachen Mitteln überwunden oder zerstört werden können. Auch soll das Vorfeld auf dem betriebseigenen Grundstück nachts gut ausgeleuchtet sein, um Eindringlinge abzuschrecken.

Elektronische Sicherungsmaßnahmen sind für einen EDV-Bereich immer dann sinnvoll, wenn sie nicht ständig bewacht werden. Die Frage, ob binnen kurzer Zeit ein größerer Schaden angerichtet werden kann oder nicht, spielt hier nur eine untergeordnete Rolle, denn elektronische Überwachung ist in beiden Fällen notwendig. Sollte keine Überwachung vorhanden sein, so können auch äußerst stabile mechanische Barrieren wie gepanzerte Schränke überwunden werden; der Faktor Zeit spielt in diesem Fall keine Rolle, weil aufgrund fehlender Alarmierung keine Interventionskräfte gerufen werden; Alarm soll immer an ständig besetzte Einsatzleitstellen geleitet werden; lediglich Alarm vor Ort nützt wenig, wenn nicht ständig Mitarbeiter anwesend sind.

Ideal aufgebaut ist die elektronische Überwachung dann, wenn es eine Geländeüberwachung, eine Außenhautüberwachung und auch

Abb. 39 Die Qualität der schwächsten Stelle entscheidet über das Schutzniveau

Abb. 40 Berührungslos wirkende Zutrittskontrollanlagen sind schnell und benutzerfreundlich [Cerberus GmbH]

noch Innenalarmgeber gibt; darüber hinaus benötigt man ein ausgeklügeltes Zutrittskontrollsystem (siehe Abb. 40 und 41). In diesem Fall erfolgt die Alarmmeldung frühestmöglich und der Aufwand für Eindringlinge wird erheblich erhöht, da zu den mechanischen Barrieren mehrere und unterschiedliche elektronische Sicherungssysteme zu überwinden sind. Schnelles Eingreifen bei Sabotageanschlägen ermöglicht eine dezentral aufgebaute Einbruchmeldeanlage mit mehreren eigenständigen Zentralen.

Ein optimal gesicherter EDV-Bereich benötigt zu allen sicherungstechnischen Einrichtungen eine Werkschutztruppe, die ständig anwesend ist und permanent, in unregelmäßigen Abständen Kontrollgänge durchführt. Jede Stelle im Unternehmen sollte durchschnittlich alle 2 Stunden begangen werden können. Dazu ist eine Sicherheitszentrale nötig, die in jedem Fall immer individuell anzufertigen ist. Nur die ständige Anwesenheit von Wachpersonal garantiert die sofortige Kontrolle von Alarmen und die verzögerungsfreie Einleitung von geeigneten Maßnahmen.

Dem Werkschutz fallen mehrere und wichtige Aufgaben zu. Es gilt, in den folgenden Punkten Fachwissen zu haben und in den jeweiligen Gefahrensituationen richtig zu reagieren:

5.1 Maßnahmen gegen Einbruch, Diebstahl, Sabotage und Vandalismus

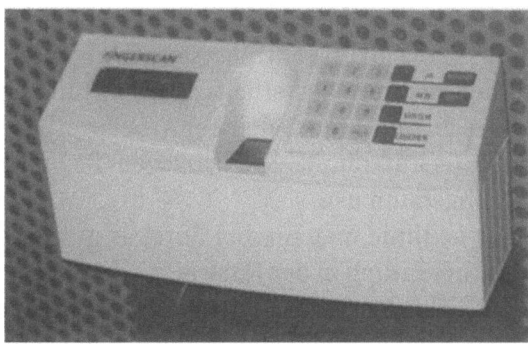

Abb. 41 Biometrische Zutrittskontrollsysteme (hier Fingerabdruck) werden in Zukunft Kartensysteme vermehrt ersetzen

- Verhalten in allen möglichen Gefahrensituationen (persönliche Bedrohung, Feuer, Gasgeruch, Wasserrohrbruch usw.)
- Persönliche Zutrittskontrollen
- Gebäudeschutz bei Einbrüchen bzw. Einbruchversuchen
- Rundgänge in betriebsfreien Zeiten
- Kontrollgänge während der Arbeitszeit
- Beherrschung der relevanten technischen und aller sicherheitstechnischen Einrichtungen
- Brandalarmkontrolle, evtl. Brandlöschen und Herbeirufen von Hilfskräften
- Kennen möglichst aller Mitarbeiter und ihrer Funktion
- Kennen des Firmengeländes, alle Abteilungen und ihre Bedeutung
- Aus Sicherheitsgründen soll das Wachpersonal nicht routinemäßig zur Überwachung alle RZ-Räume betreten

Zutrittskontrollsysteme sollen Betriebsspionage, Sabotage, Besetzungen, Demonstrationen, Geiselnahme, Diebstahl und Arbeitszeitbetrug erschweren bzw. unmöglich machen. Damit hat der relativ große finanzielle Aufwand der Anschaffung und der zeitliche Aufwand des Passierens durchaus seine Begründung und Berechtigung.

Bei großen EDV-Bereichen, bestehend aus mehreren Abteilungen, muß über die automatische Eingangs- und Abgangskontrolle hinaus zusätzlich festgelegt sein, daß die Mitarbeiter nur während ihrer Arbeitszeit und dann auch nur definierte Räume betreten können. Solche Bereiche, bestehend aus mehreren Räumen wie Maschinenräume, Arbeitsvor- und Arbeitsnachbereitung, Operating, Datensicherungsräume, DFÜ-Raum, Klimaanlagen-Räume, Infrastrukturräume usw., sollen zudem untereinander mit mechanisch stabilen Türen und Zutrittskontrollsystemen abgetrennt sein. Auf diese Weise werden mehrere Sicherheitszonen mit unterschiedlichen Schutzstufen geschaffen. Mitarbeiter der Arbeitsvorbereitung müssen z. B. nicht in die Technikräume, Klimaanlagen-Techniker nicht in den Datensicherungsraum usw.

Als Leitlinie mag hierbei Europas größtes Rechenzentrum „Amadeus" bei Erding in der Nähe Münchens dienen, das sich in insgesamt sechs Sicherheitsebenen gliedert (zunehmende Priorität): Parkhaus, Eingangshalle, öffentlicher Bereich, Bereich für Angestellte, Operating und CPU-Räume; die Bereiche der Datenauslagerung sind mit dem Schutzniveau der CPU-Räume gleichzusetzen, aber sie bilden natürlich andere Gefahrenbereiche. Auch bei kleineren und weniger bedeutenden Rechenzentren ist prinzpiell ein gleichartiges Schutzkonzept zu erstellen.

Neben den sicherheitsrelevanten Anforderungen wie Zuverlässigkeit und Überlistungsschutz des Systems sind auch Kriterien wie Anwenderfreundlichkeit (z. B. Zeitaufwand einer Kontrolle) entscheidend.

Die Türen, an denen sich Zutrittskontrollsysteme befinden, müssen neben den Anforderungen an die Einbruchsicherheit (einbruchhemmend, schußresistent) auch dem Brandschutz, dem Schallschutz, evtl. dem Strahlenschutz und den Anforderungen an Flucht- und Rettungswegen gerecht werden.

Kein elektronisches Schließsystem kann alle Wünsche erfüllen, dazu sind die Kundenwünsche zu unterschiedlich oder auch widersprüchlich:

- On-line geschaltet und/oder off-line geschaltet
- Intelligenz im Schloß, in oder neben der Tür
- Maße der Anlage
- Art der Stromversorgung (Netz mit/ohne Batterie)
- Speicherkapazität
- Neue Schlüssel addierbar oder nicht
- Art und Anzahl der Zeitzonen
- Inaktivierung und Reaktivierung alter Schlüssel
- Art der Zylinderschlösser bzw. Kartenlesegeräte
- Art der Datenübertragung
- Kompatibilität zu anderen Anlagen

5.1 Maßnahmen gegen Einbruch, Diebstahl, Sabotage und Vandalismus

- Art der Türfreigabe
- Verhalten bei Stromausfall
- Verhalten in Notfunktionen
- Beschlagarten
- Größe der Kraft, mit der die Tür zugehalten wird
- Arten der Alarmmeldung(en)

Aus Sicherheitsgründen sollen nur möglichst schwer bzw. nicht zu fälschende Karten zum Einsatz kommen: Infrarotcodierungen, induktive Codierungen und aktive oder passive Chipkarten. Diese Karten sollen personenbezogene, etagen- bzw. raum- und gebäudeorientierte und zeitlich begrenzende Informationen sammeln können.

Die Kartenlesegeräte sollen die Zutrittskontrollkarte ganz einziehen und nach der Prüfung und Freigabe wieder ausgeben; dies hat den Vorteil, daß fälschlich benutzte Karten oder abgelaufene Karten automatisch einbehalten werden können.

Auch müssen die Türverriegelungen auf der einen und die Bänder auf der anderen Türseite gewissen physischen Gewaltangriffen widerstehen können. Standardschließbleche können in der Regel mit einer Belastung von 1 kN (= 100 kp) ausgerissen werden. Schulterdruck erreicht ca. 2 kN, ein Fußtritt bis zu 6 kN, Hebel und Keile bringen bis zu 10 kN. Haltemagneten für Fluchttüren widerstehen bis ca. 5 kN Druck.

Die Sicherheit eines Zutrittkontrollsystems existiert nur so lange, wie die Lesegeräte mit Strom versorgt werden und der Datenfluß nicht unterbrochen wird. Deshalb sind (passive) USV-Anlagen für die Lesegeräte ebenso notwendig wie eine gewisse lokale Intelligenz der Lesestationen, um auch im stand-alone-Betrieb arbeiten zu können. Jeder Leser benötigt eine Batterie mit der Kapazität für einen Arbeitstag, auch wenn in der Literatur lediglich 1–2 Stunden als minimal angeraten sind; die Kapazität ist entsprechend der Anlage und der Häufigkeit der Benutzung auszulegen, ebenso wie der Arbeitsspeicher zur Speicherung der Vorgänge während der Strom- oder Datenleitungsunterbrechung. Dafür muß die Auswerteeinheit im Kartenleser über Mikroprozessor, Uhrzeit und Speicher verfügen, um alle Zu- und Abgänge zu registrieren und bei Wiederherstellung des ordnungsgemäßen Betriebs alle Vorgänge seit der Unterbrechung (im Idealfall: automatisch) zu übertragen.

Am sichersten gegen mißbräuchliches Benutzen fremder Karten und (auf welche Weise auch immer in Erfahrung gebracht) der dazugehörigen Geheimnummern ist der Einsatz einer biometrischen Prüfung in einer Schleuse: Nur, wenn eine Person in einer Schleuse nach dem Schließen sich mit einem körperindividuellen Merkmal als berechtigt identifiziert hat, kann sie den entsprechenden Raum betreten, andernfalls geht die Eingangstür wieder auf.

Andersartig ausgeführte Anlagen können derart mißbraucht werden, daß ein Berechtigter (freiwillig oder gezwungen) das Zutrittskontrollsystem öffnet und ein nicht Berechtigter die Räumlichkeiten betritt. Zu den biometrischen Messungen zählen:

- Fingerabdruckmessung
- Handgeometriemessung (dreidimensional)
- Handflächenabdruck (zweidimensional)
- Spracherkennung
- Maschinenschrift *)
- Unterschriftenvergleich
- Augenhintergrundidentifikation
- Pulsaderstruktur *)
- Gewicht *)
- Lippenstruktur *)
- Anatomie des Ohrs *)
- Anatomie der Zähne *)

Die mit *) versehenen Systeme sind wenig praktikabel und nur der Vollständigkeit halber hier aufgezählt.

Die handelsüblichen Systeme weisen die in der nachfolgenden Tabelle 9 aufgelisteten Eigenschaften aus.

Tabelle 9 Prüfdauer, Systemfehler und Überlistungswahrscheinlichkeiten unterschiedlicher biometrischer Systeme

System	Systemfehler -	Überlistung	Zeit je Prüfung	Speicherbedarf
Auge	0 %	0,0 %	3 s	50 Bytes
Schrift	12 %	4 %	6 s	60 Bytes
Finger	14 %	8 %	3 s	1.000 Bytes
Sprache	8 %	12 %	15 s	1.100 Bytes

5.1 Maßnahmen gegen Einbruch, Diebstahl, Sabotage und Vandalismus

Die Software soll folgenden Anforderungen genügen:

- Erkennen, ob mit einer Karte zweimal hintereinander Zutritt begehrt wird, ohne daß dazwischen eine Ausgangsbuchung registriert wurde (Sperren, Alarmmeldung)
- Realisierung des 4-Augen-Prinzips in entsprechend dafür vorgesehenen Räumen (z. B. im Datenauslagerungsraum)
- Leichtes Erstellen von Tageskarten für Wartungspersonal
- Bildung von beliebig vielen Raumzonen
- Bildung von verschiedenen Berechtigungsebenen
- Bildung von absolut individuellen Zeitzonen (Tageszeit und Wochentage)
- Schnelle Inaktivierung von verloren gemeldeten Karten
- Individuelle Ausdruckmöglichkeit von beliebigen Vorkommnissen
- Absetzen von stillem und/oder örtlichem Alarm
- Manipulationsmeldung
- Steuerung der Türen für Materialschleusen

Um Maschinen oder z. B. auch Druckerpapier in oder aus dem EDV-Bereich zu bringen, benötigt man eine Materialschleuse. Hierzu dient ein kleiner Raum von z. B. 2,0 m x 3,5 m. Durch diesen Raum soll das Betreten des danach folgenden Raumes für Menschen aufgrund technischer und/oder organisatorischer Maßnahmen verboten sein, um das Zutrittskontrollsystem (Schleuse) nicht umgehen zu können. Deshalb sollen sich im Raum sensibel eingestellte Bewegungsmelder befinden, die die Anwesenheit von Menschen detektieren und gegebenenfalls Alarm melden und die zweite Tür nicht freigeben. Darüber hinaus dürfen sich beide Türen im Normalbetrieb nicht gleichzeitig öffnen lassen.

Die folgenden Faktoren tragen zur Gesamtbeurteilung der Gefahr Einbruch/Diebstahl, Sabotage und Vandalismus bei:

I. *Attraktivität für Täter ($x_{1.1}$)*
II. *Bekanntheitsgrad des Unternehmens ($x_{1.2}$)*
III. *Zu erwartende Tätergruppe/Tätertyp; Ansehen des Unternehmens in der Öffentlichkeit ($x_{1.3}$)*
IV. *Zusätzliche Gebäudenutzung ($x_{1.4}$)*
V. *Gebäudeart ($x_{1.5}$)*
VI. *Aufwand, um in das Gebäude zu gelangen ($x_{1.6}$)*

VII. *Mechanischer Gebäudeschutz* ($x_{1.7}$)
VIII. *Elektronischer Gebäudeschutz* ($x_{1.8}$)
IX. *Personeller Gebäudeschutz* ($x_{1.9}$)
X. *Zutrittskontrollsystem* ($x_{1.10}$)
XI. *Subjektive Komponenten* ($x_{1.11}$)
XII. *Sabotageschutz für (sicherheits-)technische Einrichtungen* ($x_{1.12}$)

Nach dem bereits erläuterten Vorgehensschema werden diesen Beurteilungskriterien Noten größer 0 bis kleiner 1 zugeteilt, je nach maximal positiver bzw. maximal negativer Einstufung. Aus dem Produkt zieht man die zwölfte Wurzel, um zur dimensionslosen Beurteilungszahl zu gelangen.

Zu I: (Attraktivität für Täter): $x_{1.1} =$

0,2: Höchst attraktiv (Rüstung, Kernenergie)
0,3: Sehr attraktiv (RZ, Bank, Juwelier, Multikonzern, Elektronikkonzern, Presse, Gentechnik)
0,6: Durchschnittlich attraktiv (Bauindustrie, bekannte Großfirmen, öffentliche Institutionen)
0,9: Wenig attraktiv (Verwaltung, Handwerk, Kleinbetriebe, Dienstleistung, Zulieferer)

Zu II: (Bekanntheitsgrad des Unternehmens): $x_{1.2} =$

0,4: Weltweit aktives und bekanntes Unternehmen/Konzern (Multikonzern)
0,5: Weltweit bekanntes Unternehmen
0,6: International aktives und bekanntes Unternehmen
0,7: National bekanntes Unternehmen
0,8: Unternehmen nur im Bundesland tätig und nur dort bekannt
0,9: Unternehmen öffentlich weitgehend unbekannt, nur lokal bekannt bzw. lediglich Herstellung von nicht für Endverbraucher bestimmte, umweltverträgliche Zwischenprodukte

Zu III: (Zu erwartende Tätergruppe/Tätertyp; Ansehen des Unternehmens in der Öffentlichkeit): $x_{1.3} =$

0,1: Täter mit Inkaufnahme der Eigentötung; fanatische Terroristen
0,2: Täter mit militärisch vorbereitetem Plan (Terroristen)
0,4: Firmeninterne oder externe Täter, die planend vorgehen
0,6: Interne Täter, die planend vorgehen
0,8: Interne und externe Spontantäter
0,9: Externe Spontantäter

Zu IV: (Zusätzliche Gebäudenutzung): $x_{1.4} =$
0,1: Öffentliches Gebäude
0,3: Fremdfirmen
0,4: Vorstandsetage
0,6: Eigene Produktion
0,8: Eigene Verwaltung
0,9: Keine weitere Nutzung

Zu V: (Gebäudeart): $x_{1.5} =$
0,1: Holz-, Gips- oder Preßplatten
0,3: Ziegelbau an öffentlicher Straße
0,5: Ziegelbau auf Firmengrundstück
0,7: Stahlbetonbau an öffentlicher Straße
0,9: Stahlbetonbau auf Firmengrundstück

Zu VI: (Aufwand, um in das Gebäude zu gelangen): $x_{1.6} =$
0,1: Körperkraft
0,3: Einfache mechanische Werkzeuge
0,4: Aufwendigere mechanische Werkzeuge
0,5: Einfache elektrische Werkzeuge
0,6: Aufwendige elektrische Werkzeuge
0,7: Hydraulische Werkzeuge
0,8: Verschiedenartige effektive hydraulische, elektrische und mechanische Werkzeuge
0,9: Sprengladungen

Zu VII: (Mechanischer Gebäudeschutz): $x_{1.7} =$
0,1: < 2 der nachfolgend aufgeführten Punkte treffen zu
0,2: 2–3 der nachfolgend aufgeführten Punkte treffen zu
0,3: 4–5 der nachfolgend aufgeführten Punkte treffen zu
0,4: 6–7 der nachfolgend aufgeführten Punkte treffen zu
0,5: 8–9 der nachfolgend aufgeführten Punkte treffen zu
0,6: 10–11 der nachfolgend aufgeführten Punkte treffen zu
0,7: 12–13 der nachfolgend aufgeführten Punkte treffen zu
0,8: 14–15 der nachfolgend aufgeführten Punkte treffen zu
0,9: 16–17 der nachfolgend aufgeführten Punkte treffen zu

Anm.: *Die Bedeutung der jeweils in Klammern stehenden Zahlen (1),(2), (3) oder (4) ist der Legende zur Abb. 32 auf S. 57 zu entnehmen*

1. Hermetischer Zaun (oder Mauer) an der juristischen Grundstücksgrenze, höher als 2 m, stabil gegen mechanische Angriffe
   a) Notwendig für einen gut gesicherten EDV-Bereich (3)
   b) Erhöhte Anschaffungskosten (3)
   c) Kaum Unterhaltungskosten (1)
   d) Erfüllt seinen Zweck zuverlässig (3), wenn Punkt 3 erfüllt ist
2. Mechanisch stabile Doppelzaunanlage
   a) Standard für einen hochwertigen EDV-Bereich
   b) Doppelte Anschaffungskosten und Kosten für nicht nutzbare Grundstücksfläche (3)
   c) Geringe Unterhaltungskosten (1)
   d) Erfüllt seinen Zweck zuverlässig (4); primär sinnvoll, wenn Zaun- oder Geländeüberwachungsanlagen vorhanden sind
3. Stabile Toranlage(n)
   a) Notwendig und Standard für einen EDV-Bereich (2)
   b) Normal übliche Anschaffungskosten (2)
   c) Keine Unterhaltungskosten (1)
   d) Erfüllt seinen Zweck zuverlässig (3), wenn auch Punkt 1 oder 2 realisiert ist
4. Video-Sprechanlage vor dem Gebäude und vor dem EDV-Bereich
   a) Notwendig und Standard für einen EDV-Bereich (2)
   b) Relativ geringe Anschaffungskosten (2)
   c) Keine Unterhaltungskosten (1)
   d) Erfüllt seinen Zweck zuverlässig (4)
5. Einbruchhemmende Verglasungen der Schutzqualität B, C oder D bzw. Vergitterungen mit A 1-Folien an den Scheiben
   a) Notwendig und Standard für einen EDV-Bereich (2)
   b) Erhöhte Anschaffungskosten (4)
   c) Keine Unterhaltungskosten (1)
   d) Erfüllt hohe Anforderungen (4), wenn auch Punkt 6 erfüllt ist
6. Einbruchhemmende Türen nach DIN 18054 (mindestens EH 2, besser jedoch: EH 3)
   a) Notwendig und Standard für einen EDV-Bereich (2)
   b) Relativ geringe Anschaffungskosten (3)
   c) Keine Unterhaltungskosten (1)
   d) Erfüllt erhöhte Anforderungen (3), wenn auch Punkt 5 erfüllt ist

7. *Komplette und helle Außenbeleuchtung*
   a) *Notwendig und Standard für einen EDV-Bereich (2)*
   b) *Geringe/normal übliche Anschaffungskosten (2)*
   c) *Kaum Unterhaltungskosten (1)*
   d) *Erfüllt seinen Zweck zuverlässig(3), wenn auch eine Geländeüberwachungsanlage mit Videorecorder und Werkschutz vorhanden ist*
8. *Dach und Wände aus Beton bzw. Stahlbeton*
   a) *Notwendig und Standard für einen EDV-Bereich (4)*
   b) *Bei Neubau: Normal übliche Anschaffungskosten (4); nachrüstend: Nicht realisierbar*
   c) *Keine Unterhaltungskosten (1)*
   d) *Erfüllt seinen Zweck zuverlässig (4), wenn auch die Punkte 5 und 6 realisiert sind*
9. *Ziehgeschützte Außenschlösser bzw. ebensolche Vorsatzrosetten*
   a) *Notwendig und Standard für ein Industriegebäude (2)*
   b) *Geringe Anschaffungskosten (1)*
   c) *Keine Unterhaltungskosten (1)*
   d) *Erfüllt seinen Zweck zuverlässig (3)*
10. *Gebäudenutzung nicht ausgeschildert, von außen und innen nicht erkennbar*
    a) *Notwendig und Standard für einen EDV-Bereich (2)*
    b) *Keine Anschaffungskosten (1)*
    c) *Keine Unterhaltungskosten (1)*
    d) *Relativ geringe Schutzwirkung, aber notwendig (2)*
11. *Außentüren verfügen über kopiergeschützte (z. B. elektrische oder magnetische) Schlüssel*
    a) *Notwendig und Standard für einen EDV-Bereich (3)*
    b) *Erhöhte Anschaffungskosten (2)*
    c) *Kaum Unterhaltungskosten (1)*
    d) *Erfüllt seinen Zweck zuverlässig (3), wenn auch Punkt 9 realisiert ist*
12. *Es gibt mehrere und unterschiedliche Gefahrenbereiche im RZ, die einbruchhemmend voneinander abgetrennt sind (ohne daß die Flucht- und Rettungswege hiervon negativ beeinflußt werden)*
    a) *Notwendig für einen EDV-Bereich (3)*
    b) *Erhöhte Anschaffungskosten (3)*

c) Keine Unterhaltungskosten (1)
d) Erfüllt seinen Zweck zuverlässig (3), wenn die Punkte 5, 6 und 11 realisiert sind

13. Alle Technikräume sind nach außen und untereinander einbruchhemmend ausgelegt (ohne daß die Flucht- und Rettungswege hiervon negativ beeinflußt werden)
a) Notwendig für einen EDV-Bereich (2)
b) Erhöhte Anschaffungskosten (3)
c) Keine Unterhaltungskosten (1)
d) Erfüllt seinen Zweck zuverlässig (3), wenn auch die Punkte 5, 6 und 11 realisiert sind

14. Alle Versorgungsleitungen (Gas- und Ölleitungen, DFÜ-Kabel, Strom, Kaltwassersatz, Klimaanlagen) liegen sabotagegeschützt
a) Notwendig für einen EDV-Bereich (3)
b) Je nach den Gegebenheiten: Erhöhte Anschaffungskosten (3)
c) Kaum Unterhaltungskosten (1)
d) Erfüllt seinen Zweck zuverlässig (4)

15. Die Luftansaugstellen der Klimaanlagen liegen sabotagegeschützt
a) Notwendig für einen EDV-Bereich (2)
b) Geringe Anschaffungskosten bei Neubauten (1)
c) Keine Unterhaltungskosten (1)
d) Erfüllt seinen Zweck zuverlässig (3)

16. Es stehen keine aktiven (Werkzeuge u. a.) Hilfsmittel bereit, die einen Einbruch ermöglichen
a) Notwendig für einen EDV-Bereich (2)
b) Keine Anschaffungskosten (1)
c) Keine Unterhaltungskosten (1)
d) Erfüllt seinen Zweck zuverlässig (2), die Fassade muß zudem einbruchhemmend ausgelegt sein

17. Es stehen keine passiven (dunkle Nischen usw.) Hilfsmittel bereit, die einen Einbruch ermöglichen
a) Notwendig für einen EDV-Bereich (2)
b) Geringe Anschaffungskosten bei Neubauten (1)
c) Keine Unterhaltungskosten (1)
d) Erfüllt seinen Zweck zuverlässig (2), die Fassade muß zudem aber noch einbruchhemmend ausgelegt sein (Fensterscheiben und -rahmen, Gebäudeaußentüren)

5.1 Maßnahmen gegen Einbruch, Diebstahl, Sabotage und Vandalismus

Zu VIII:. (Elektronischer Gebäudeschutz): $x_{1.8}$ =
0,1: < 3 der nachfolgend aufgeführten Punkte treffen zu
0,2: 3 der nachfolgend aufgeführten Punkte treffen zu
0,3: 4–5 der nachfolgend aufgeführten Punkte treffen zu
0,4: 6–7 der nachfolgend aufgeführten Punkte treffen zu
0,5: 8 der nachfolgend aufgeführten Punkte treffen zu
0,6: 9 der nachfolgend aufgeführten Punkte treffen zu
0,7: 10 der nachfolgend aufgeführten Punkte treffen zu
0,8: 11 der nachfolgend aufgeführten Punkte treffen zu
0,9: 12 der nachfolgend aufgeführten Punkte treffen zu

1. *Zaunmeldesystem(e) vorhanden*
   a) Erfüllt erhöhte Anforderungen an einen EDV-Bereich (4)
   b) Erhöhte Anschaffungskosten (3)
   c) Geringere Unterhaltungskosten (2)
   d) Erfüllt seinen Zweck zuverlässig (3), wenn auch Punkt 3 realisiert ist
2. *Bodenmelder vorhanden*
   a) Erfüllt erhöhte Anforderungen an einen EDV-Bereich (4)
   b) Erhöhte Anschaffungskosten und Kosten für nicht nutzbaren Grund (3)
   c) Geringere Unterhaltungskosten (2)
   d Erfüllt seinen Zweck zuverlässig (3), wenn ein Doppelzaun vorhanden und Punkt 3 realisiert ist
3. *Hermetische Kameraüberwachung mit permanenter Aufzeichnung vorhanden*
   a) Erfüllt erhöhte Anforderungen an einen EDV-Bereich (3)
   b) Höhere Anschaffungskosten (3)
   c) Kaum Unterhaltungskosten (1)
   d) Erfüllt seinen Zweck zuverlässig (3)
4. *Komplette Außenhautüberwachung vorhanden*
   a) Notwendig für einen EDV-Bereich (2)
   b) Erhöhte Anschaffungskosten (3)
   c) Kaum Unterhaltungskosten (1)
   d) Erfüllt seinen Zweck zuverlässig (4), wenn die Punkte 5 und 8 realisiert sind
5. *Komplette Innenraumüberwachung vorhanden*
   a) Notwendig und Standard für einen EDV-Bereich (2)
   b) Leicht erhöhte Anschaffungskosten (3)

c) Kaum Unterhaltungskosten (1)
d) Erfüllt seinen Zweck zuverlässig (3), wenn die Punkte 4 und 8 realisiert sind

6. Einbruchmeldeanlage mit VdS-Zeugnis
   a) Notwendig und Standard für einen EDV-Bereich (2)
   b) Normal übliche Anschaffungskosten (1)
   c) Keine Unterhaltungskosten (1)
   d) Erfüllt seinen Zweck zuverlässig (3)

7. Es sind Wartungsverträge zu allen vorhandenen Einbruchmeldeanlagen abgeschlossen
   a) Notwendig und Standard für einen EDV-Bereich (2)
   b) Keine Anschaffungskosten (1)
   c) Relativ geringe Unterhaltungskosten (2)
   d) Erfüllt seinen Zweck zuverlässig (3)

8. Direktschaltung der Einbruchmeldeanlage(n) zur Polizei, zu einem professionellen Wachunternehmen oder zur ständig besetzten Sicherheits-Zentrale
   a) Notwendig und Standard für einen EDV-Bereich (2)
   b) Kaum Anschaffungskosten (1)
   c) Geringe Unterhaltungskosten (2)
   d) Erfüllt seinen Zweck zuverlässig (3)

9. Alle Versorgungsleitungen (Gas- und Ölleitungen, Strom, DFÜ-Kabel, Kaltwassersatz, Klimaanlagen) sind mit geeigneten Einbruchmeldern überwacht
   a) Notwendig für einen EDV-Bereich, an den erhöhte Anforderungen gestellt sind (4)
   b) Je nach den Gegebenheiten: Erhöhte Anschaffungskosten (3)
   c) Kaum Unterhaltungskosten (1)
   d) Erfüllt seinen Zweck zuverlässig (4)

10. Luftansaugstelle der Klimaanlagen sind elektronisch überwacht gegen Sabotage
    a) Notwendig für einen EDV-Bereich, an den erhöhte Anforderungen gestellt sind (3)
    b) Geringe Anschaffungskosten bei Neubauten (1)
    c) Keine Unterhaltungskosten (1)
    d) Erfüllt seinen Zweck zuverlässig (2)

11. Die Einbruchüberwachung kontrolliert auch alle Technikräume
    a) Notwendig und Standard für einen EDV-Bereich (3)
    b) Höhere Anschaffungskosten (2)

5.1 Maßnahmen gegen Einbruch, Diebstahl, Sabotage und Vandalismus

   c) *Geringe Unterhaltungskosten (1)*
   d) *Erfüllt seinen Zweck zuverlässig (3)*
  12. Alle Notausgänge sind alarmüberwacht
   a) *Notwendig und Standard für einen EDV-Bereich (2)*
   b) *Relativ geringe Anschaffungskosten (2)*
   c) *Kaum Unterhaltungskosten (1)*
   d) *Erfüllt seinen Zweck zuverlässig (3)*

Zu IX: (Personeller Gebäudeschutz): $x_{1.9} =$
0,1: < 2 der nachfolgend aufgeführten Punkte treffen zu
0,2: 2 der nachfolgend aufgeführten Punkte treffen zu
0,3: 3 der nachfolgend aufgeführten Punkte treffen zu
0,4: 4 der nachfolgend aufgeführten Punkte treffen zu
0,5: 5 der nachfolgend aufgeführten Punkte treffen zu
0,6: 6 der nachfolgend aufgeführten Punkte treffen zu
0,7: 7 der nachfolgend aufgeführten Punkte treffen zu
0,8: 8 der nachfolgend aufgeführten Punkte treffen zu
0,9: 9 der nachfolgend aufgeführten Punkte treffen zu

  1. *24stündige Anwesenheit von Wachpersonal*
   a) *Erfüllt erhöhte Anforderungen an einen EDV-Bereich (4)*
   b) *Erhöhte Anschaffungskosten (3)*
   c) *Hohe Unterhaltungskosten (4)*
   d) *Erfüllt seinen Zweck zuverlässig (4)*
  2. *Ausstattung des Wachpersonals mit Funkgeräten und Not- bzw. Überfallmelder, die mit ihrer Frequenz aber die sicherheitstechnischen Einrichtungen (z. B. Brandmeldeanlage) nicht negativ beeinflussen können*
   a) *Notwendig für einen EDV-Bereich, der von Wachpersonal kontrolliert wird (2)*
   b) *Relativ geringe Anschaffungskosten (2)*
   c) *Geringe Unterhaltungskosten (1)*
   d) *Erfüllt seinen Zweck zuverlässig (3)*
  3. *Direktschaltung zur Polizei vorhanden*
   a) *Notwendig und Standard für einen EDV-Bereich (2)*
   b) *Geringe Anschaffungskosten (1)*
   c) *Geringe Unterhaltungskosten (1)*
   d) *Erfüllt seinen Zweck zuverlässig (3)*

4. Es gibt eine ständig besetzte Sicherheitszentrale
   a) Erhöhte Anforderung für einen EDV-Bereich (4)
   b) Erhöhte Anschaffungskosten (3)
   c) Hohe Unterhaltungskosten (4)
   d) Erfüllt seinen Zweck zuverlässig (4)
5. Mindestens zwei Werkschutzangehörige sind außerhalb der Arbeitszeit permanent anwesend
   a) Erhöhte Anforderung für einen EDV-Bereich (4)
   b) Geringe Anschaffungskosten (1)
   c) Hohe Unterhaltungskosten (4)
   d) Erfüllt seinen Zweck zuverlässig (4)
6. Es finden permanente Rundgänge auf dem Firmengelände und durch die Räumlichkeiten des EDV-Bereichs statt (maximaler zeitlicher Abstand: 2 Stunden)
   a) Notwendig für einen EDV-Bereich (3)
   b) Geringe Anschaffungskosten (1)
   c) Höhere Unterhaltungskosten (3)
   d) Erfüllt seinen Zweck zuverlässig (3)
7. Alle Werkschutzangehörigen sind bei der IHK ausgebildet
   a) Standard für einen EDV-Bereich (3)
   b) Erhöhte Anschaffungskosten (3)
   c) Erhöhte Unterhaltungskosten (4)
   d) Erfüllt seinen Zweck zuverlässig (4)
8. Rundgänge mit Stechuhrkontrollen oder vergleichbar sicherer, elektronischer Technik
   a) Standard für einen EDV-Bereich (2)
   b) Relativ geringe Anschaffungskosten (2)
   c) Relativ geringe Unterhaltungskosten (1)
   d) Erfüllt seinen Zweck zuverlässig (3)
9. Die Sicherheitszentrale liegt innerhalb des EDV-Bereichs oder ist hochwertig geschützt
   a) Erfüllt erhöhte Anforderungen an einen EDV-Bereich (3)
   b) Höhere Anschaffungskosten (3)
   c) Kaum Unterhaltungskosten (1)
   d) Erfüllt seinen Zweck zuverlässig (4), wenn die Punkte 3, 4 und 5 realisiert sind

Zu X: (Zutrittskontrollsystem): $x_{1.10} =$
0,1: < 4 der nachfolgend aufgeführten Punkte treffen zu

0,2: 4–5 der nachfolgend aufgeführten Punkte treffen zu
0,3: 6–7 der nachfolgend aufgeführten Punkte treffen zu
0,4: 8–9 der nachfolgend aufgeführten Punkte treffen zu
0,5: 10–11 der nachfolgend aufgeführten Punkte treffen zu
0,6: 12–13 der nachfolgend aufgeführten Punkte treffen zu
0,7: 14–15 der nachfolgend aufgeführten Punkte treffen zu
0,8: 16–17 der nachfolgend aufgeführten Punkte treffen zu
0,9: 18–19 der nachfolgend aufgeführten Punkte treffen zu

1. Es gibt ein Zutrittskontrollsystem für Personen und auch zum Ein- und Ausbringen von Material, ohne daß die Flucht- und Rettungswege hiervon negativ beeinflußt werden
    a) Erfüllt erhöhte Anforderungen an einen EDV-Bereich (3)
    b) Relativ hohe Anschaffungskosten (4)
    c) Vertretbar geringe Unterhaltungskosten (2)
    d) Erfüllt seinen Zweck zuverlässig (4)
2. Es gibt mehrere und unterschiedliche Raumzonen im EDV-Bereich
    a) Notwendig für einen EDV-Bereich (3)
    b) Relativ geringe zusätzliche Kosten zum Zutrittskontrollsystem (3)
    c) Kaum Unterhaltungskosten (1)
    d) Erfüllt seinen Zweck zuverlässig (3)
3. Zeitzonen sind absolut individuell zu erstellen
    a) Notwendig für einen EDV-Bereich (3)
    b) Relativ geringe zusätzliche Kosten zum Zutrittskontrollsystem (1)
    c) Kaum Unterhaltungskosten (1)
    d) Erfüllt seinen Zweck zuverlässig (3)
4. Auch alle Technikräume werden vom Zutrittskontrollsystem kontrolliert
    a) Höherwertiger Schutz für einen EDV-Bereich (4)
    b) Erhöhte Anschaffungskosten (3)
    c) Kaum Unterhaltungskosten (1)
    d) Erfüllt seinen Zweck zuverlässig (4)
5. Zutritt gewährt nur Karte/Schlüssel mit Code oder ein biometrisches System
    a) Erfüllt erhöhte Anforderungen an einen EDV-Bereich (4)
    b) Erhöhte Anschaffungskosten (3)

c) Kaum Unterhaltungskosten (1)
   d) Erfüllt seinen Zweck zuverlässig (4)
6. Es gibt wahlweise Alarm vor Ort und/oder stillen Alarm bei Sabotage- und Manipulationsversuchen
   a) Notwendig und Standard für das Zutrittskontrollsystem eines EDV-Bereichs (2)
   b) Geringe/normal übliche zusätzliche Anschaffungskosten zum Zutrittskontrollsystem (1)
   c) Keine Unterhaltungskosten (1)
   d) Erfüllt seinen Zweck zuverlässig (2)
7. Stille und/oder örtliche Alarmmeldung bei unberechtigten Eindringversuchen (unberechtigte Karte)
   a) Notwendig und Standard für einen EDV-Bereich (2)
   b) Geringe/normal übliche zusätzliche Anschaffungskosten zum Zutrittskontrollsystem (1)
   c) Keine Unterhaltungskosten (1)
   d) Erfüllt seinen Zweck zuverlässig (2)
8. Das Zutrittskontrollsystem hat Schleusen, d. h. Zwangsvereinzelungsanlage(n), ohne daß die Flucht- und Rettungswege hiervon negativ beeinflußt werden
   a) Notwendig für einen EDV-Bereich mit erhöhten Anforderungen (3)
   b) Relativ hohe Anschaffungskosten (3)
   c) Geringe Unterhaltungskosten (1)
   d) Erfüllt seinen Zweck zuverlässig(4)
9. Alle Zu- und Abgänge sind gleichwertig überwacht
   a) Notwendig und Standard für einen EDV-Bereich (2)
   b) Geringe bzw. normal übliche Anschaffungskosten (1)
   c) Kaum Unterhaltungskosten (1)
   d) Erfüllt seinen Zweck zuverlässig (2)
10. Es gibt unterschiedliche Sicherheitszonen
    a) Notwendig und Standard für einen EDV-Bereich (3)
    b) In Kombination mit einem Zutrittskontrollsystem: Kaum zusätzliche Kosten (1)
    c) Kaum Unterhaltungskosten (1)
    d) Erfüllt seinen Zweck zuverlässig (3)
11. Die Zutrittsberechtigungen sind ausschließlich unter sicherheitstechnischen Gesichtspunkten verteilt
    a) Notwendig und Standard für einen EDV-Bereich (2)

5.1 Maßnahmen gegen Einbruch, Diebstahl, Sabotage und Vandalismus

   b) Keine Anschaffungskosten (1)
   c Keine Unterhaltungskosten (1)
   d) Erfüllt seinen Zweck zuverlässig (2)
12. Das Vieraugenprinzip wird in den höchst zu sichernden Bereichen (z. B. unbedienter CPU-Raum, Datenauslagerungsraum, Roboterraum) durch das Zutrittskontrollsystem garantiert; auch der Werkschutz betritt diese Räume nur zu zweit
    a) Erfüllt erhöhte Anforderungen an einen EDV-Bereich (4)
    b) Keine zusätzlichen Anschaffungskosten zu einem Zutrittskontrollsystem (1)
    c) Kaum Unterhaltungskosten (1)
    d) Erfüllt seinen Zweck zuverlässig (4)
13. Alle Türen halten mehr als 10 kN Druck stand
    a) Erfüllt hohe Anforderungen für einen EDV-Bereich (4)
    b) Hohe Anschaffungskosten (3)
    c) Keine Unterhaltungskosten (1)
    d) Erfüllt seinen Zweck zuverlässig (4)
14. Die Software erlaubt den Zutritt nur nach einem registrierten Abgang (d. h. zweimal Zutritt ist ohne Abgangsbuchung nicht möglich)
    a) Erfüllt erhöhte Anforderungen für einen EDV-Bereich (3)
    b) Geringe zusätzliche Anschaffungskosten zum Zutrittskontrollsystem (1)
    c) Keine Unterhaltungskosten (1)
    d) Erfüllt seinen Zweck zuverlässig (3)
15. Es lassen sich schnell Tageskarten erstellen, z. B. für Techniker,
    a) Übliche Forderung an das Zutrittskontrollsystem eines EDV-Bereichs (2)
    b) Geringfügige Mehrkosten zu einem Zutrittskontrollsystem (2)
    c) Kaum Unterhaltungskosten (1)
    d) Erfüllt seinen Zweck zuverlässig (3)
16. Es lassen sich beliebig viele Berechtigungsebenen herstellen, mit beliebigen Kombinationsmöglichkeiten
    a) Erfüllt erhöhte Anforderungen an einen EDV-Bereich (3)
    b) Geringfügige Mehrkosten zu einem Zutrittskontrollsystem (1)
    c) Kaum Unterhaltungskosten (1)
    d) Erfüllt seinen Zweck zuverlässig (3)

17. *Verloren gemeldete Karten sind schnell inaktivierbar*
    a) *Übliche Anforderungen für einen EDV-Bereich (2)*
    b) *Kaum zusätzliche Kosten zu einem Zutrittskontrollsystem (1)*
    c) *Keine Unterhaltungskosten (1)*
    d) *Erfüllt seinen Zweck zuverlässig (3)*
18. *Besondere Vorkommnisse beliebiger Art lassen sich explizit und individuell ausdrucken*
    a) *Erfüllt erhöhte Anforderungen für ein Zutrittskontrollsystem (3)*
    b) *Kaum höhere Anschaffungskosten als ein Zutrittskontrollsystem (1)*
    c) *Keine Unterhaltungskosten (1)*
    d) *Erfüllt seinen Zweck zuverlässig, trotz geringfügiger Schutzwirkung eine sinnvolle Anschaffung (2)*
19. *Zutrittskontrollsysteme, die u. a. mit Karten funktionieren, verfügen über Einzugsleser (Einbehalten der Karte im Bedarfsfall)*
    a) *Erfüllt erhöhte Anforderungen für ein Zutrittskontrollsystem (2)*
    b) *Kaum höhere Anschaffungskosten als ein Zutrittskontrollsystem (1)*
    c) *Keine Unterhaltungskosten (1)*
    d) *Erfüllt seinen Zweck zuverlässig (2)*

Zu XI: (Subjektive Komponenten): $x_{1.11} =$
0,1: 0 der nachfolgend aufgeführten Punkte treffen zu
0,2: 1 der nachfolgend aufgeführten Punkte trifft zu
0,3: 2 der nachfolgend aufgeführten Punkte treffen zu
0,4: 3 der nachfolgend aufgeführten Punkte treffen zu
0,5: 4 der nachfolgend aufgeführten Punkte treffen zu
0,6: 5 der nachfolgend aufgeführten Punkte treffen zu
0,7: 6 der nachfolgend aufgeführten Punkte treffen zu
0,8: 7 der nachfolgend aufgeführten Punkte treffen zu
0,9: 8 der nachfolgend aufgeführten Punkte treffen zu

1. *Gutes Betriebsklima ist Voraussetzung*
    a) *Wünschenswert, wie in jedem Unternehmen bzw. in jeder Abteilung (1)*
    b) *Keine zusätzliche Kosten (1)*

c) Keine Unterhaltungskosten (1)
d) Erfüllt seinen Zweck relativ zuverlässig (2)
2. Überschaubare Anzahl der Mitarbeiter ist wünschenswert
   a) Im EDV-Bereich erforderlich (1)
   b) Keine Kosten (1)
   c) Keine Unterhaltungskosten (1)
   d) Erfüllt seinen Zweck relativ zuverlässig (2)
3. Geringe Fluktuation ist anzustreben
   a) Im EDV-Bereich erforderlich (2)
   b) Keine Kosten, im Gegenteil: Kosten werden gesenkt (1)
   c) Keine Unterhaltungskosten (1)
   d) Erfüllt seinen Zweck relativ zuverlässig (3)
4. Überprüfung neuer Mitarbeiter
   a) In einem EDV-Bereich erforderlich (2)
   b) Relativ geringe Kosten (1)
   c) Keine Unterhaltungskosten (1)
   d) Erfüllt seinen Zweck relativ zuverlässig (2)
5. Ständig oder periodisch Kontrolle der Mitarbeiter
   a) Übliche Anforderungen an einen EDV-Bereich (4)
   b) Keine Anschaffungskosten (1)
   c) Höhere Unterhaltungskosten (2)
   d) Erfüllt seinen Zweck zuverlässig (3)
6. Geschulte Personalführung, Motivation
   a) Übliche Anforderungen an einen EDV-Bereich (2)
   b) Relativ geringe zusätzliche Kosten (1)
   c) Relativ geringe Unterhaltungskosten (1)
   d) Erfüllt seinen Zweck zuverlässig (3)
7. Es finden nie Demonstrationen in der Gegend statt
   a) Übliche Anforderungen an einen EDV-Bereich (2)
   b) Keine zusätzliche Kosten, aber nur in der Planungsphase (Standortwahl) zu realisieren (1)
   c) Keine Unterhaltungskosten (1)
   d) Erfüllt seinen Zweck zuverlässig (3)
8. Es finden nie Großveranstaltungen in der Gegend statt
   a) Übliche Anforderungen an einen EDV-Bereich (2)
   b) Keine zusätzliche Kosten, aber nur in der Planungsphase (Standortwahl) zu realisieren (1)
   c) Keine Unterhaltungskosten (1)
   d) Erfüllt seinen Zweck zuverlässig (3)

Zu XII: (Sabotageschutz für (sicherheits-)technische Einrichtungen):
$x_{1.12} =$
0,1: 0 der nachfolgend aufgeführten Punkte treffen zu
0,2: 1-2 der nachfolgend aufgeführten Punkte treffen zu
0,3: 3 der nachfolgend aufgeführten Punkte treffen zu
0,4: 4-5 der nachfolgend aufgeführten Punkte treffen zu
0,5: 6 der nachfolgend aufgeführten Punkte treffen zu
0,6: 7-8 der nachfolgend aufgeführten Punkte treffen zu
0,7: 9 der nachfolgend aufgeführten Punkte treffen zu
0,8: 10-11 der nachfolgend aufgeführten Punkte treffen zu
0,9: 12 der nachfolgend aufgeführten Punkte treffen zu

1. *Handfeuerlöscher sind gegen Wegnahme alarmgesichert*
   a) Standard für einen höchst geschützten EDV-Bereich (4)
   b) Vertretbar geringe Anschaffungskosten (2)
   c) Kaum Unterhaltungskosten (1)
   d) Erfüllt seinen Zweck zuverlässig (3)
2. *In Datenauslagerungsräumen und CPU-Räumen sind ausschließlich Handfeuerlöscher mit rückstandsfreiem Löschmittel*
   a) Standard für einen EDV-Bereich (2)
   b) Keine zusätzlichen Anschaffungskosten (1)
   c) Keine Unterhaltungskosten (1)
   d) Erfüllt seinen Zweck zuverlässig (3)
3. *Wandhydranten sind alarmgesichert*
   a) Standard für einen sehr gut gesicherten EDV-Bereich (4)
   b) Kaum Anschaffungskosten (2)
   c) Kaum Unterhaltungskosten (1)
   d) Erfüllt seinen Zweck zuverlässig (3)
4. *Fahrbare Löscher sind nicht jedermann im EDV-Bereich zugänglich*
   a) Standard für einen EDV-Bereich (2)
   b) Keine zusätzlichen Anschaffungskosten (1)
   c) Keine Unterhaltungskosten (1)
   d) Erfüllt seinen Zweck zuverlässig (3)
5. *Die Stromzufuhr kann nicht von jedermann im EDV-Bereich unterbrochen werden (incl. Notstrom)*
   a) Standard für einen EDV-Bereich (2)
   b) Kaum zusätzlichen Anschaffungskosten (1)
   c) Keine Unterhaltungskosten (1)

5.1 Maßnahmen gegen Einbruch, Diebstahl, Sabotage und Vandalismus

d) Erfüllt seinen Zweck zuverlässig (3)

6. *Die Not-Aus-Taste liegt im Ausgangsbereich, jedoch auf der geschützten Seite und gegen unbeabsichtigtes Betätigen gesichert*
   a) Standard für einen EDV-Bereich (2)
   b) Keine zusätzlichen Anschaffungskosten (1)
   c) Keine Unterhaltungskosten (1)
   d) Erfüllt seinen Zweck zuverlässig (3)

7. *An den Klimageräten kann nicht jedermann im EDV-Bereich manipulieren*
   a) Standard für einen EDV-Bereich (2)
   b) Kaum zusätzliche Anschaffungskosten (1)
   c) Keine Unterhaltungskosten (1)
   d) Erfüllt seinen Zweck zuverlässig (3)

8. *Die Klimawerte sind nur von wenigen Personen zu verstellen*
   a) Standard für einen EDV-Bereich (2)
   b) Keine zusätzlichen Anschaffungskosten (1)
   c) Keine Unterhaltungskosten (1)
   d) Erfüllt seinen Zweck zuverlässig (3)

9. *Die Klimaanlagen-Überwachungsanlage und ihre Schalteinrichtungen sind gegen Verstellen und Auslösen geschützt*
   a) Standard für einen EDV-Bereich (2)
   b) Keine zusätzlichen Anschaffungskosten (1)
   c) Keine Unterhaltungskosten (1)
   d) Erfüllt seinen Zweck zuverlässig (3)

10. *Wasserleitungen (Brauchwasser, Kaltwassersatz usw.) können nicht von jedermann im EDV-Bereich abgedreht oder geöffnet werden*
    a) Standard für einen EDV-Bereich (2)
    b) Geringe bis höhere Anschaffungskosten (1 oder 2)
    c) Keine Unterhaltungskosten (1)
    d) Erfüllt seinen Zweck zuverlässig (3)

11. *Außentür-Überwachungsanlagen oder das Zutrittskontrollsystem können nicht durch Sabotage oder Manipulation zum Ausfall gebracht werden*
    a) Standard für einen EDV-Bereich (2)
    b) Evtl. höhere Anschaffungskosten (2)
    c) Kaum Unterhaltungskosten (2)
    d) Erfüllt seinen Zweck zuverlässig (3)

12. *Außenfenster lassen sich nicht von den Personen im EDV-Bereich öffnen (Ausnahme: Alarmüberwachte Notausgänge)*
    a) *Standard für einen EDV-Bereich (2)*
    b) *Keine Anschaffungskosten (1)*
    c) *Keine Unterhaltungskosten (1)*
    d) *Erfüllt seinen Zweck zuverlässig (3)*

Aus diesen zwölf Beurteilungskriterien berechnet sich die Gesamtnote X_1:

$$X_1 = (x_{1.1} \cdot x_{1.2} \cdot x_{1.3} \cdot ... \cdot x_{1.10} \cdot x_{1.11} \cdot x_{1.12})^{1/12}$$

$$0{,}123 \leq X_1 \leq 0{,}9$$

5.2
Maßnahmen gegen Feuer und Verrauchung

Sowohl durch die Hitze eines Feuers, als auch durch die Brandgase werden sensible elektronische Geräte und Datenträger beschädigt oder zerstört. Deshalb ist es äußerst wichtig, einen Brand primär zu vermeiden, d. h. den vorbeugenden Brandschutz besonders gewissenhaft zu realisieren.

Für einen Brand ist das zeitgleiche Zusammentreffen von Sauerstoff (Luft), Brennstoff und einer ausreichenden Zündquelle nötig. Hier setzt der Brandschutz an: Bereits das Entfernen eines der drei Komponenten (z. B. das Verdrängen von Sauerstoff/Luft) läßt einen Brand erlischen bzw. nicht entstehen. Die für einen Brand nötigen drei Komponenten sind nahezu überall in allen Rechenzentren und EDV-Bereichen vorhanden (Luft, elektrotechnische Bauelemente, Strom). Deshalb kann ein Brand nirgends mit absoluter Sicherheit verhindert werden; es sind entsprechende Gegenmaßnahmen zu treffen, den Brand

- möglichst schnell gemeldet zu bekommen,
- die Brandausbreitung und die Verrauchung auf einen möglichst kleinen Bereich beschränkt zu halten (siehe Abb. 42),
- den Brand möglichst schnell (automatisch oder manuell) gelöscht zu bekommen (siehe Abb. 43) und
- die Folgeschäden des Brands zu minimieren.

5.2 Maßnahmen gegen Feuer und Verrauchung 89

Abb. 42 Feuerbeständige Kabelabtrennung, für größere Kabelmengen geeignet

Abb. 43 CO_2-Flaschen zur automatischen Geräteflutung

Abb. 44 Extrem große Brandlast durch die Kabel, hier völlig ungeschützt

Im EDV-Bereich sind primär Verkabelungen und elektrotechnische Bauteile als brennbare Materialien vorhanden (siehe Abb. 44). Verkabelungen bestehen heute noch aus qualitativen und technischen Gründen größtenteils aus PVC. PVC besteht zu über 50 % aus Chlor, die Entzündungstemperatur liegt bei ca. 350 °C, die Selbstentzündungstemperatur jedoch erst bei 450 °C. Auch darf nicht die erhebliche Menge an Rauchgasen, die von Verkabelungen mit PVC freigesetzt werden, unbeachtet bleiben: 1 kg PVC erzeugt, thermisch aufbereitet, 350 l hochkorrosives, konzentriertes HCl-Gas – und 1 kg ist eine extrem geringe Menge, in den Doppelböden der Rechenzentren und oft auch in den abgehängten Decken sind meist mehrere 100 oder einige 1.000 kg PVC-Kabel vorhanden (vgl. den Brand am Düsseldorfer Flughafen vom 11. April 1996). 100 kg PVC erzeugen 40 m³ HCl-Gas, das sind 200 l HCl; damit lassen sich 500.000 m² Metallfläche beaufschlagen und korrodieren. Offene Kabelöffnungen (siehe Abb. 45) sind deshalb unbedingt zu vermeiden, besonders in brandabschnittstrennenden Wänden. Größere Kabelpritschen wie in der Abb. 44 sollten untereinander abgetrennt sein (siehe Abb. 46) und auf jeden Fall auch zur Umgebung hin, sodaß ein Brand von der einen in die andere Richtung und umgekehrt keine schädigenden Einflüsse hat. Einzelne

5.2 Maßnahmen gegen Feuer und Verrauchung 91

Abb. 45 Mauerdurchbrüche für Kabel sind feuerbeständig abzutrennen

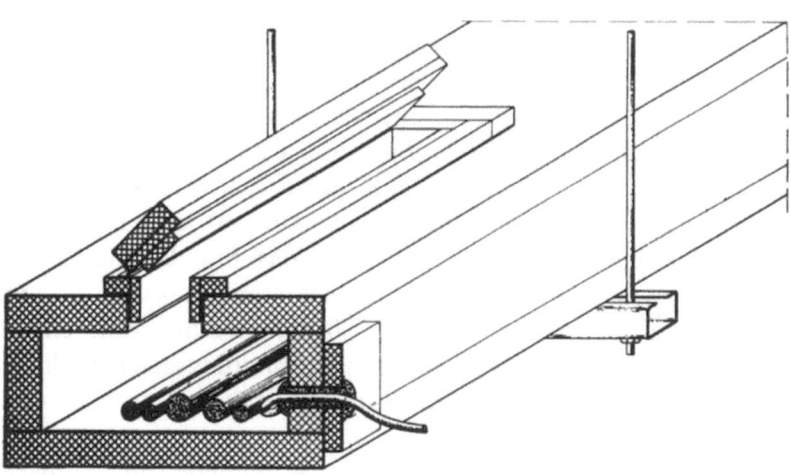

Abb. 46 Prinzipskizze der feuerbeständigen Kabelkanalabschottung mit der Option, neue Kabel schnell nachzuziehen [Promat GmbH]

Abb. 47 Dieses Kabel hält 90 min. Feuer stand

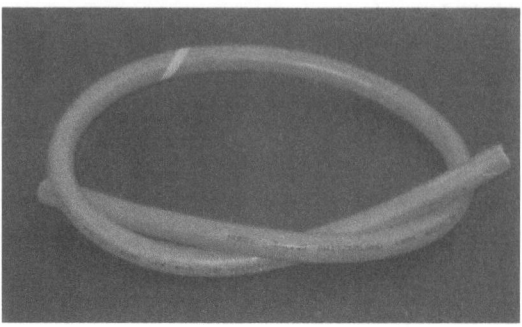

Kabeltrassen können feuerbeständig abgetrennt sein. Auch ist es möglich (allerdings finanziell sehr aufwendig), feuerbeständige Verkabelungen einzusetzen (siehe Abb. 47). Diese haben den Vorteil, daß ein Brand sich auch über längere Zeit nicht schädigend auf die Verkabelungen auswirken kann und damit die Funktionsfähigkeit der durch das Kabel versorgten Anlagen aufrecht erhalten wird.

Um Verrauchungsschäden an Datenträgern und EDV-Geräten zu vermeiden, gibt es auch offen stehende Tresore, in denen Server und andere EDV-Geräte untergebracht sind. Im Brandfall steuern Rauchmelder, daß diese automatisch eingefahren und die Tresortüren verschlossen werden.

Auch das konsequente Auslegen von baulichen und organisatorischen Maßnahmen kann einen Brand nie zu 100 % verhindern, deshalb sind zu den vorbeugenden auch abwehrende Brandschutz-Maßnahmen unerläßlich. Brandschutz gliedert sich in präventive (vorbeugende) und kurative (abwehrende) technische, bauliche und betrieblich/organisatorische Maßnahmen (siehe Abb. 48). Jeder dieser Wege muß ausreichend realisiert sein, wenn das Brandschutz-Konzept hochwertig sein soll. Um die Gefahr eines Brandausbruchs zu minimieren und trotzdem entstandene Brände schnell und effektiv bekämpfen zu können (weil die Brandausbreitungsgeschwindigkeit dank geringer Brandlasten ebenfalls gering ist), sind:

◆ Nicht vermeidbare Brandlasten zu minimieren und separieren/kapseln und vermeidbare zu entfernen (siehe Abb. 49)
◆ Nicht vermeidbare Zündquellen zu kapseln und zu minimieren sowie vermeidbare zu entfernen

5.2 Maßnahmen gegen Feuer und Verrauchung

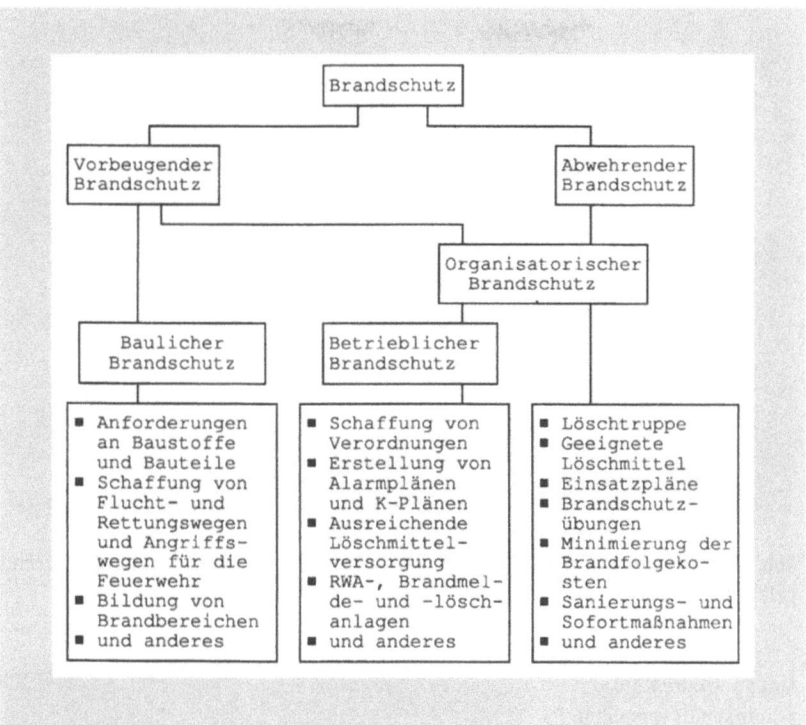

Abb. 48 Mögliche Einteilung des Brandschutzes

Zündquellen und Brandlasten in Gebäuden bzw. deren Räume teilen sich in unvermeidbare und vermeidbare Zündquellen und Brandlasten auf; der Kühlschrank für den Privatgebrauch außerhalb der Teeküche ist eine vermeidbare Zündquelle und zugleich auch eine vermeidbare Brandlast (siehe Abb. 50). Die Brandlastminimierung ist eine wichtige Voraussetzung für den Schadenverlauf und damit für das Schadenausmaß nach einem Brandausbruch. Treffen erhöhte Brandlasten mit Zündquellen zusammen, kann das zu einem Totalschaden führen, wenn keine baulichen oder abwehrenden Brandschutz-Maßnahmen getroffen werden.

Effektiv lassen sich Brände dann bekämpfen, wenn sie zum absolut frühestmöglichen Zeitpunkt gemeldet werden. Da Brände in Hochsicherheitsbereichen hauptsächlich in Geräten und damit an elektronischen bzw. elektrischen Bauteilen stattfinden werden, ist primär mit

Abb. 49 Sicherungsbänder lagern an den Luftaustrittsöffnungen besonders brandgefährlich

Abb. 50 Uralte Kühlschränke mit verstellten Abluftschlitzen, Heizplatte, unsicheren Steckverbindung und Näherung zum Holzregal

5.2 Maßnahmen gegen Feuer und Verrauchung

Rauchbildung zu rechnen. Aus diesem Grund sind Rauchmelder (konventionelle optische Melder und/oder Ionisationsmelder, Durchlicht-Rauchmelder oder Multifunktions-Melder) die richtigen Brandmelder, da deren Detektionsgröße (= sichtbarer oder nicht sichtbarer Rauch) als erstes auftritt; Wärmemelder (Detektionsgröße: Wärme oder Wärmeanstieg) oder Flammenmelder (Detektionsgröße: Flackernde IR- oder UV-Strahlungen) würden verzögert, zu spät oder nicht ansprechen. In Technikräumen ist mit stärkerer Verschmutzung zu rechnen, dort können auch Wärmedifferentialmelder zum Einsatz kommen.

Brandmelder sind generell extrem wichtig zur Brandschadenminimierung: Während die meisten Brände tagsüber ausbrechen, entstehen bei den wenigen Nachtbränden die größten Schäden (siehe Abb. 51). Doch immer noch sind bis zu 90 % aller ordnungsgemäß installierten Brandmeldeanlagen auf 2 oder 3 Ebenen zur rechtzeitigen Detektierung von Gerätebränden ungeeignet. 20 bis 25 Minuten können nach verschiedenen Untersuchungen vergehen, wenn Rauch aus einer CPU austritt und von Deckenmeldern erkannt wird. Zur siche-

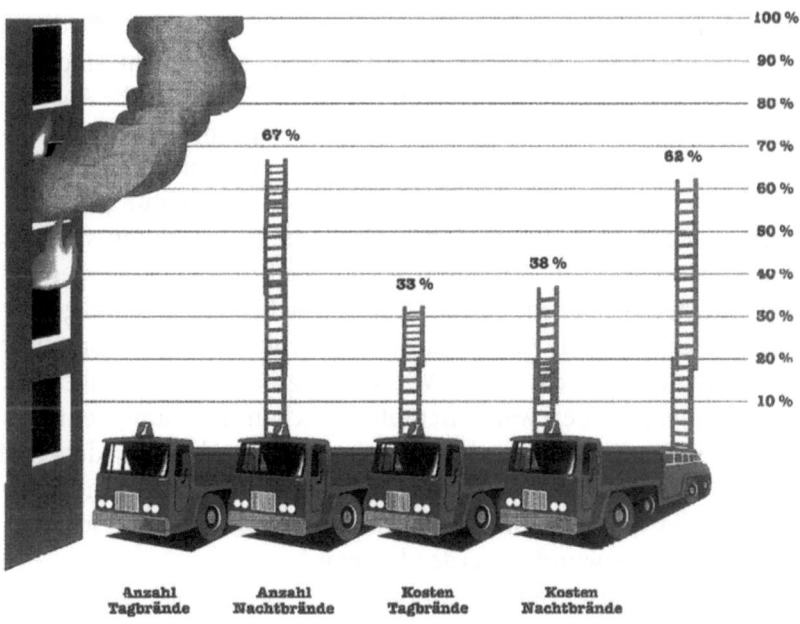

Abb. 51 Nachtbrände sind im Schnitt 3,3 mal so teuer wie Tagbrände

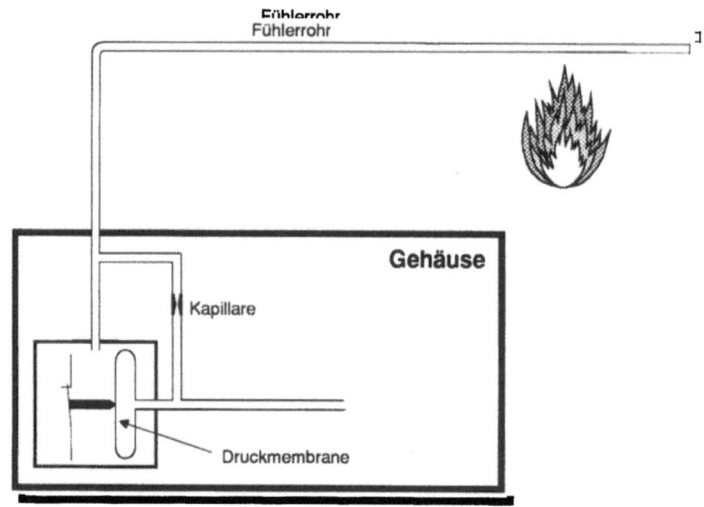

Abb. 52 Prinzipskizze der Geräte-Brandüberwachung mit dem sog. „Schnüffelrohren" [Rever GmbH]

ren und verzögerungsfreien Detektion von Gerätebränden sind ausschließlich Objektmelder (Prinzipskizze in Abb. 52) oder bei mehreren Anlagen auch Rauchgas-Ansaugsysteme zu empfehlen, die direkt am (Luftauslaßöffnung) oder oben im Gerät angebracht sind (bei geschlossenen Geräten: Anbohrung und Schnüffelrohr, siehe Abb. 53); andernfalls (d. h.: Lediglich Brandmeldeanlage im Raum) ist mit erheblicher zeitlicher Verzögerung bei der Branddetektion zu rechnen. Diese aktiven Rauchmeldesysteme zur Einrichtungsüberwachung in Rechenzentren ergänzen die Raumüberwachung sinnvoll, ersetzen sie aber nicht. Zusätzlich sollten die Klimakanalklappen mit Rauchmeldern versehen sein, um frühestmöglich einen Brand gemeldet zu bekommen. Die Ausrüstung von Oberlichtern mit automatisch ansprechenden Rauch- und Wärmeabzugsanlagen, die über die Brandmelder gesteuert werden, empfiehlt sich immer dann, wenn derartige Decken-Klappen vorhanden sind (siehe Abb. 54); dabei ist jedoch darauf zu achten, daß die Stabilität so hoch ist, daß die Oberlichter weder durch Einbrecher, noch durch Hagel leicht beschädigt, zerstört und überwunden werden können.

Der Entstehungsort eines Brands ist nicht vorhersehbar. Aus diesem Grund sollen alle relevanten Bereiche überwacht werden, und das sind:

5.2 Maßnahmen gegen Feuer und Verrauchung

Abb. 53 Rauchgasansaugzentrale

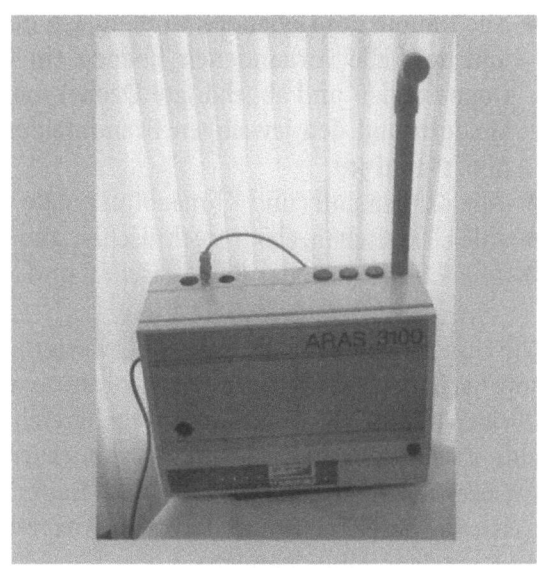

Abb. 54 Automatisch angefahrene Rauch- und Wärmeabzugsanlage

- Alle Räume des Gebäudes, in dem sich der EDV-Bereich befindet und dort alle vorhandenen Ebenen (in Rechnerräumen: Raum, Doppelboden und abgehängte Decke) mit den jeweils geeigneten Meldern und den jeweiligen Brandmelder-Paralleltableaus (siehe Abb. 55 und 56)
- Alle Klimazuluft- und Klimaabluftkanäle
- Alle elektrischen, elektrotechnischen und elektronischen Geräte
- Alle Räume, auch das Kellergeschoß und der Dachstuhl

Die Dimensionierung der Raumüberwachung in den Rechnerräumen soll nach den VdS-Richtlinien erfolgen, ebenso die Auslegung der übrigen Räume (Technikräume, Gangbereiche usw.). Es empfiehlt sich eine Zweimelderabhängigkeit, d. h. interner Alarm (Voralarm) bei Ansprechen eines Melders aus einem Raum und zusätzlich externer Alarm bei der BFW (Hauptalarm) bei Ansprechen eines weiteren Melders aus dem selben Bereich.

Bewährt für EDV-Bereiche hat sich eine Aufteilung der Rauchmelder in O-Melder und I-Melder im Verhältnis 1:1 (neu ist auch die alleinige Installation von Durchlichtrauchmeldern oder Mehrkriterienmeldern),

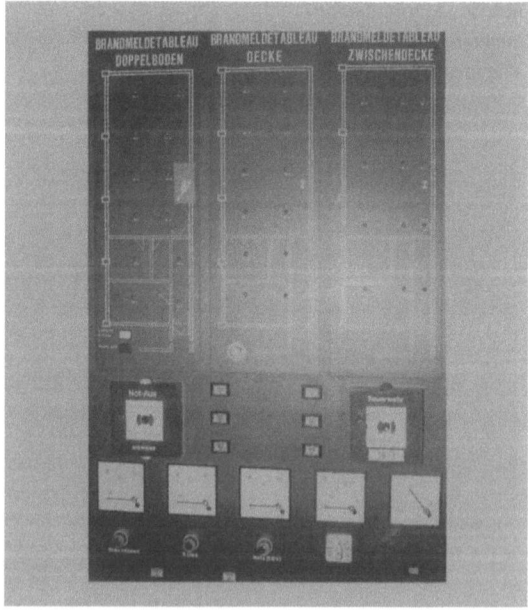

Abb. 55 3 Ebenen im Rechenzentrum bedingen ein Brandmelder-Paralleltableau mit ebenfalls 3 Anzeigen

5.2 Maßnahmen gegen Feuer und Verrauchung

Abb. 56 Brandmelder-Paralleltableau für ein Rechenzentrum mit nur einer Ebene

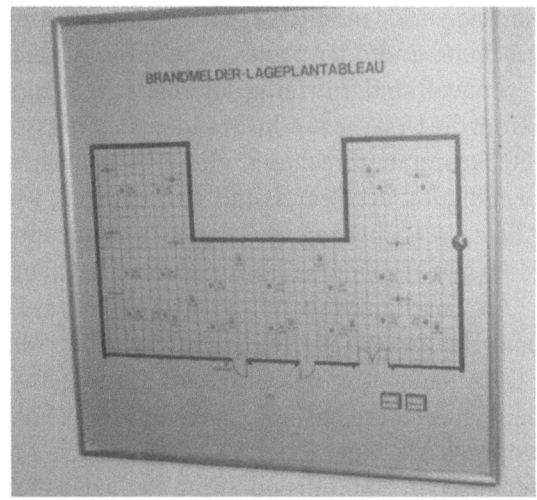

da jede Melderart ihre spezifischen Vor- und Nachteile hat. Moderne Anlagen verlassen sich nicht mehr auf eine Meldung; vielmehr werden viele Meßwerte jedes Melders berücksichtigt, denn das arithmetische Mittel vieler Meßwerte (die sog. Fuzzy-Logic) ist der wahrscheinlich beste Wert. Darüber hinaus gibt es gespeicherte Referenzwerte, Meßgrößen usw., die einerseits die Detektionswahrscheinlichkeit erhöhen, bei andererseits sinkender Falschalarmwahrscheinlichkeit.

Die Klimakanäle sind mit geeigneten Klimakanal-Überwachungsmeldern zu kontrollieren, denn konventionelle I-Melder sind nur bis max. 5 m/s Windgeschwindigkeit ausgelegt. Ein Detektieren von Rauch soll ebenfalls ab einer definierten Konzentration (abhängig von der Grundverunreinigung der Umgebung) Voralarm und bei einem höheren Wert Hauptalarm melden und gleichzeitig die Klimatisierung abschalten, die Klimakanalklappen schließen und verzögert auch die EDV-Anlagen abschalten (möglichst nach einem automatisch stattfindenden schnellen Herunterfahren der Systeme).

Moderne Technik ermöglicht auch hier eine Optimierung: Durch die Pulsmeldetechnik gibt es einen größeren Informationsgehalt der Meldungen von Brandmeldern: Kurzschluß, Alarm, Ruhezustand, Drahtbruch und Funktionsstörung kann unterschiedlich gemeldet werden; hieraus resultiert, daß bereits bei der Alarmmeldung differenzierte Informationen vorliegen, was einen gezielten Einsatz ermöglicht. Effektive Brandbekämpfung setzt möglichst frühzeitige Detektierung und möglichst kurze Interventionszeiten voraus, sowie geschulte und/oder professionelle Einsatzkräfte.

Sinnvoll sind frühzeitig automatische Stromabschaltungen, wenn der Strom die Ursache für die Brandentstehung ist, denn in diesem Fall wird die Stromunterbrechung mit großer Wahrscheinlichkeit auch eine Beendigung des Brands mit sich bringen, wie die Brandversuche der Allianz Versicherung im Allianz Zentrum für Technik in Ismaning bei München an einem intakten Siemens-Rechenzentrum bewiesen haben.

Als Löschanlagen mit rückstandsfreien Löschmitteln gibt es seit dem Halon-Verbot vom 01.01.1994 neben reinen Argon-Anlagen nur CO_2-Anlagen und das Gasgemisch Inergen. CO_2-Anlagen reduzieren den Sauerstoffgehalt der Luft von ca. 21 Vol.-% auf unter 17 Vol.-%, wodurch Flammen erstickt werden. Auch Argon- und Inergen-Anlagen löschen einen Brand durch Reduzierung des Sauerstoffgehalts in der Luft, jedoch auf einen Wert, bei dem gerade noch geatmet werden kann. Zum richtigen manuellen Löschen sind Hinweisschilder (siehe Abb. 57 anzubringen sowie auch entsprechend richtige Handfeuerlöscher bzw. fahrbare Löscher (siehe Abb. 58). In Bereichen, in denen vermehrt Feststoff-Brandlasten vorhanden sind (Papierlager, Büro, Lager, evtl. Produktion) sollen Wandhydranten flächendeckend angebracht sein, die über die wartungsfreien formstabilen Schläuche verfügen (siehe Abb. 59).

Für die Feuerwehr müssen ausreichend viele Löschleitungen und Hydranten zur Löschwasserentnahme zur Verfügung stehen. Die Berechnung des Volumenstroms in Rohrleitungen berechnet sich wie folgt:

$V = w \cdot A$
mit:
V = Volumenstrom in m^3/s
w = Geschwindigkeit in m/s
A = Durchflußquerschnitt in m^2

Abb. 57 Hinweisschild für EDVgerechten Handfeuerlöscher

5.2 Maßnahmen gegen Feuer und Verrauchung 101

Abb. 58 Richtig ist die gruppenweise Anbringung von Löschern, hier CO_2-Löscher

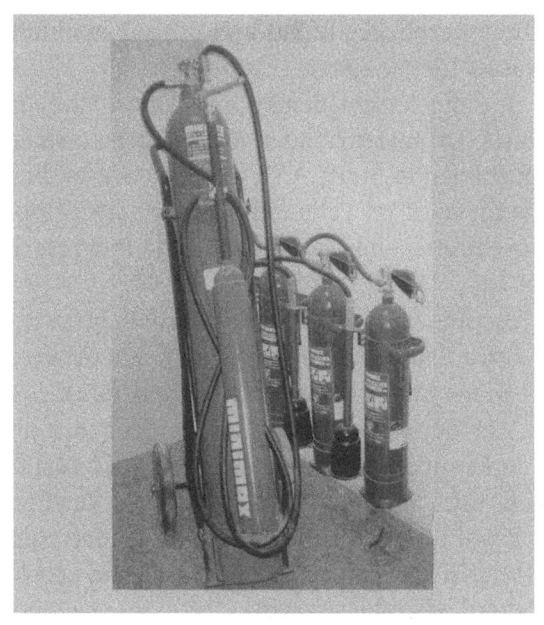

Abb. 59 Wandhydrant mit formstabilem Schlauch

Die gewerblichen Richtlinien schreiben mindestens je 192 m³/h Löschwasser für die ersten 2 Stunden vor.

Für die verschiedenen brennbaren Stoffe müssen geeignete Löschmittel in ausreichender Anzahl bereitgehalten werden: Wasser für glutbildende Stoffe, CO_2 für elektrische bzw. elektronische Geräte. Damit man im Falle eines Brands im Doppelboden erstens schnell Löschmittel einbringen kann, sind mehrere Schritte zu gehen:

1. Es muß ein Brandmelder-Paralleltableau vorhanden sein.
2. Darauf muß jeder Melder, vor allem die verdeckt angebrachten, eine Diode haben (leuchtendes Lämpchen).
3. Auf dem Doppelboden bzw. auch der abgehängten Decke muß erkenntlich sein, wo welcher Melder sitzt (Numerierung).
4. Es muß geeignetes Löschmittel zur Verfügung stehen (Löschgas).
5. Bevor Löschmittel in den Doppelboden eingebracht wird, ist die Klimatisierung abzuschalten, damit das Löschmittel nicht vom Brandherd weggeblasen wird.
6. Es muß in der Doppelbodenplatte eine Löschmittel-Einlaßöffnung geben (siehe Abb. 60), sodaß das gasförmige Löschmittel größtenteils im Doppelboden verbleibt und nicht wieder austreten kann.

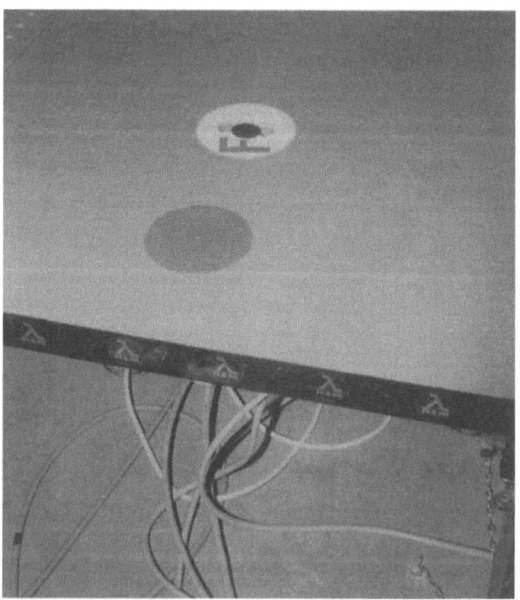

Abb. 60 Angekettete Doppelbodenplatte mit einer Öffnung zum Einbringen des Löschmittels

5.2 Maßnahmen gegen Feuer und Verrauchung

Abb. 61 Optisch ansprechende, rauchdichte T30-Gangtür
[Korflür GmbH]

Der Brandrauch kann durch raumweise Abschottungen begrenzt werden; in der Abb. 61 sieht man eine optisch ansprechende Gangtür, die hohe brandschutztechnische Erwartungen erfüllt. Die Tür in der Abb. 62 hingegen war bei einem Raumbrand nicht in der Lage, den schädigenden Rauch zurückzuhalten. Dieser Rauchschutz an Türen ist sehr effektiv, kostet wenig Aufwand und verfügt über einen hohen brandschutztechnischen Stellenwert.

Zündquellen gehen von elektrischen Leitungen aus, da sich die Wärmeentwicklung in elektrischen Leitungen quadratisch proportional zur Stromstärke entwickelt, multipliziert mit dem elektrischen Widerstand und der Zeitdauer:

$Q = I^2 \cdot R \cdot t$
mit:
Q = Wärmeentwicklung in AVs
I = Stromstärke in A
R = Widerstand in V/A
t = Zeit in s

Abb. 62 Rauch füllt Räume von oben nach unten

Um sicher rauch- und feuerresistente Bereiche zu schaffen, empfiehlt sich die konsequente Auslegung nach F 90 überall zu realisieren, und zwar an jeder Wand, in jedem Wanddurchbruch, in jedem Klimakanal-Mauerdurchbruch und ggf. auch an Verglasungen und Fensterrahmen.

Bei Brand- oder Komplextrennwänden ist auf die Erwärmung von Bauteilen zu achten, die eine solche Wand beschädigen könnten (Stahlträger, die an die Wand anstoßen): Bei der Erwärmung vom absoluten Nullpunkt bis zur jeweiligen Schmelztemperatur vergrößern sich die Volumen verschiedener Stoffe um ca. 7 %, d. h. ein einseitig befestigter, 12 m langer Stahlträger, der an eine Brandwand stößt, kann diese um 84 cm verschieben.

Sog. Brandschutzplatten können nachträglich auf Wände angebracht werden, um Feuer, Rauch und Wärme effektiv abzuhalten. Der Kern dieser minimal 2 mm starken Platten besteht z. B. aus Natriumsilicat, an dem beidseitig Glasfasern, Glasgewebe oder ein Drahtnetz mit Epoxidharz verklebt sind; ab ca. 100 °C schäumt der Kern auf und bildet somit ein dickes Brandschutzkissen. Auch Brandschutzverglasungen der beiden Schutzklassen F und G sind mit den Widerstands-

5.2 Maßnahmen gegen Feuer und Verrauchung

zeiten 30, 60, 90, 120 min. und höher erhältlich, wobei nur die F-Gläser auch Wärmestrahlen abhalten können.

Feststelleinrichtungen, die Brandschutztüren automatisch über beidseitig angebrachte Rauchmelder automatisch schließen sind sicherer und bequemer als ständig geschlossene Brandschutztüren mit dem Hinweisschild, daß diese nicht aufgehalten werden dürfen. Die Türen sollten möglichst nicht mit Verglasungen versehen sein; ist dies unumgänglich, so dürfen nur F 90- und keine G-Verglasungen eingesetzt werden. Besonders wichtig ist die rauchdichte Eigenschaft von Türen. Um die Brandfolgeschäden zu minimieren, haben die vorangehenden Maßnahmen bereits Beiträge geleistet:

◆ Minimierung, Beseitigung und/oder Kapselung von Brandlasten und Zündquellen (siehe Abb. 63 und 64)
◆ Frühzeitige Detektion eines Brands
◆ Schnelles Eingreifen und Löschen im Brandfall
◆ Bauliche Begrenzung eines Brands auf einen Raum (siehe Abb. 65)

Die Auswahl der Einrichtungsgegenstände trägt entscheidend zu den Brandfolgeschäden bei. Die Relation von Rauchgasen vergleichbarer Mengen Holz, PVC und ABS liegen bei ca. 1 : 250 : 300.

Abb. 63 Bastlermentalität ist im Rechenzentrum nicht angebracht

Abb. 64 Zu lange Kabel bilden eine unnötige Brandlast

Abb. 65 Korrekte Ab-schottung von Kabeln in einer Brandwand

5.2 Maßnahmen gegen Feuer und Verrauchung

Diese baulichen, technischen und organisatorischen Maßnahmen jedoch sind vor einem Brand zu treffen. Um die Schäden nach einem Brand möglichst schnell und kostengünstig beseitigen zu können, sind darüber hinaus sofort nach einem Brand weitere Maßnahmen erforderlich:

◆ Bestimmung möglicher Kontaminationen an Geräten, Gebäudeteilen und Einrichtungsgegenständen
◆ Bestimmung der Luftfeuchtigkeit, ggf. sofortige Reduzierung unter 50 % relative Feuchte
◆ Unter bestimmten Voraussetzungen sofortiger Abbau aller im Bereich befindlicher Geräte (Festlegung nach HCl-Kontamination durch eine qualifizierte Spezialfirma)
◆ Gegebenenfalls sofortiges Sanieren von Geräten und Gebäudebestandteilen

Jede Betriebsunterbrechung, die aufgrund eines Brands entsteht (= Feuer-Betriebsunterbrechung, kurz: FBU), zählt als Brandfolgeschaden. Demzufolge sind alle Maßnahmen, die eine Betriebsunterbrechung verringern, auch Maßnahmen zur Minimierung der Brandfolgekosten. Behördliche Genehmigungen (vorläufige Baugenehmigungen) zum Wiederaufbau können vorab eingeholt werden. Dabei erfährt man auch rechtzeitig über eventuelle Wiederaufbaubeschränkungen, Produktionsverbote oder erhöhte sicherheitstechnische Anforderungen (z. B. Sprinklern, zusätzliche Brandwände, kleinere Brandbereiche u. a.).

Absprachen mit den EDV-Lieferanten und Errichter der Klimatechnik sollten auch in Richtung Notfallorganisation vor einem Großschaden laufen; hierbei ist auf Bevorzugung im Schadenfall Wert zu legen.

Auch die externe Datenaufbewahrung kann die Brandfolgeschäden minimieren, z. B. wenn vorübergehend auf einer Ersatzanlage gearbeitet werden kann.

Die folgenden Faktoren tragen zur Gesamtbeurteilung der Gefahr Feuer/Verrauchung bei:

I. *Brandlastminimierung* $(x_{2.1})$
II. *Zündquellenminimierung* $(x_{2.2})$
III. *Branderkennung* $(x_{2.3})$

IV. Brandbegrenzung ($x_{2.4}$)
V. Brandbekämpfung ($x_{2.5}$)
VI. Minimierung der Betriebsunterbrechung ($x_{2.6}$)
VII. Äußere Parameter und organisatorische Maßnahmen ($x_{2.7}$)

Zu I: (Brandlastminimierung): $x_{2.1} =$
0,1: < 3 der nachfolgend aufgeführten Punkte treffen zu
0,2: 3–4 der nachfolgend aufgeführten Punkte treffen zu
0,3: 5 der nachfolgend aufgeführten Punkte treffen zu
0,4: 6–7 der nachfolgend aufgeführten Punkte treffen zu
0,5: 8 der nachfolgend aufgeführten Punkte treffen zu
0,6: 9–10 der nachfolgend aufgeführten Punkte treffen zu
0,7: 11 der nachfolgend aufgeführten Punkte treffen zu
0,8: 12–13 der nachfolgend aufgeführten Punkte treffen zu
0,9: 14 der nachfolgend aufgeführten Punkte treffen zu

1. *Keine Lagerung von Reinigungsmaterialien oder ausschließlich in F 90-Schränken*
   a) Notwendig und Standard für einen EDV-Bereich (2)
   b) Relativ geringe Anschaffungskosten (1)
   c) Keine Unterhaltungskosten (1)
   d) Erfüllt seinen Zweck zuverlässig (3)
2. *Keine brennbaren bzw. keine halogenhaltigen Bodenbeläge sind im EDV-Bereich vorhanden*
   a) Notwendig für einen EDV-Bereich (3)
   b) Geringfügig höhere Anschaffungskosten (2)
   c) Keine Unterhaltungskosten (1)
   d) Erfüllt seinen Zweck zuverlässig (3), wenn auch sonst auf halogenhaltige Kunststoffe verzichtet wurde
3. *Keine brennbaren Wandverkleidungen oder Vorhänge vorhanden*
   a) Notwendig und Standard für einen EDV-Bereich (2)
   b) Keine zusätzlichen Anschaffungskosten (1)
   c) Keine Unterhaltungskosten (1)
   d) Erfüllt seinen Zweck zuverlässig (3)
4. *Keine brennbaren Deckenverkleidungen (z. B. abgehängte Decke) vorhanden*
   a) Notwendig und Standard für einen EDV-Bereich (2)
   b) Keine zusätzlichen Anschaffungskosten (1)

5.2 Maßnahmen gegen Feuer und Verrauchung

  c) *Keine Unterhaltungskosten (1)*
  d) *Erfüllt seinen Zweck zuverlässig (3)*
5. *Keine brennbaren Leuchten vorhanden*
  a) *Notwendig und Standard für einen EDV-Bereich (2)*
  b) *Geringe/normal übliche Anschaffungskosten (1)*
  c) *Keine Unterhaltungskosten (1)*
  d) *Erfüllt seinen Zweck zuverlässig (2), in Verbindung mit elektronischen Vorschaltgeräten*
6. *Das Papierlager ist nach F 90 abgetrennt, Papier befindet sich dort in Metallschränken*
  a) *Notwendig für einen EDV-Bereich (3)*
  b) *Erhöhte Anschaffungskosten (3)*
  c) *Kaum Unterhaltungskosten (1)*
  d) *Erfüllt seinen Zweck zuverlässig (3), in Verbindung mit weiterer Brandlastminimierung*
7. *Keine brennbaren Klimakanalisolationen vorhanden*
  a) *Notwendig und Standard für einen EDV-Bereich (3)*
  b) *Keine zusätzlichen Anschaffungskosten (1), nachrüstend aber teuer (3)*
  c) *Keine Unterhaltungskosten (1)*
  d) *Erfüllt seinen Zweck zuverlässig (4)*
8. *Keine brennbaren Gebäudebestandteile (Fenster, Türen, Wärmedämmung, Dachkonstruktion, Dacheindeckung)*
  a) *Standard für einen EDV-Bereich (2)*
  b) *Geringe/normal übliche Anschaffungskosten in der Bau- und Planungsphase (1), kaum nachrüstend realisierbar (3)*
  c) *Keine Unterhaltungskosten (1)*
  d) *Erfüllt seinen Zweck zuverlässig (2)*
9. *Minimierung und Kapselung von Akten, Datenträgern und anderen Brandlasten*
  a) *Notwendig für einen EDV-Bereich (2)*
  b) *Geringe Anschaffungskosten (2)*
  c) *Keine Unterhaltungskosten (1)*
  d) *Erfüllt seinen Zweck zuverlässig (3)*
10. *F 90-Gaderobenräume für die Mitarbeiter im EDV-Bereich vorhanden*
  a) *Notwendig und Standard für einen EDV-Bereich (2)*
  b) *Relativ geringe Anschaffungskosten (1)*

c) *Vertretbar geringe Unterhaltungskosten (1)*
   d) *Erfüllt seinen Zweck zuverlässig (2)*
11. Das Gebäude entspricht der VdS-Bauartklasse „R"
   a) *Erfüllt erhöhte Anforderungen (3)*
   b) *Erhöhte Anschaffungskosten, nicht nachzurüsten (3)*
   c) *Keine Unterhaltungskosten (1)*
   d) *Erfüllt seinen Zweck zuverlässig (3), wenn es zudem mehrere Brandbereiche im Gebäude gibt*
12. Im EDV-Bereich ist nur der Tagesbedarf an Papier vorhanden
   a) *Notwendig und Standard für einen EDV-Bereich (2)*
   b) *Keine zusätzlichen Anschaffungskosten (1)*
   c) *Keine Unterhaltungskosten (1)*
   d) *Erfüllt seinen Zweck zuverlässig (3)*
13. Kein Gastank im Gefahrenbereich, keine Gasleitungen am/im Gebäude und auch nicht in Nachbargebäuden, die das RZ-Gebäude im Explosionsfall gefährden könnten
   a) *Wünschenswert für einen EDV-Bereich (3)*
   b) *Keine Anschaffungskosten (Planung) (1); aufwendig nachrüstbar (3)*
   c) *Keine Unterhaltungskosten (1)*
   d) *Erfüllt seinen Zweck zuverlässig (2)*
14. Fenster und Türen und deren Rahmen sind nicht aus PVC gefertigt
   a) *Erfüllt erhöhte Anforderungen (3)*
   b) *Keine zusätzlichen Anschaffungskosten (1), nachrüstend teuer (4)*
   c) *Keine Unterhaltungskosten (1)*
   d) *Erfüllt seinen Zweck zuverlässig (3)*

Zu II: *(Zündquellenminimierung):* $x_{2,2} =$
0,1: 0 der nachfolgend aufgeführten Punkte treffen zu
0,2: 1–2 der nachfolgend aufgeführten Punkte treffen zu
0,3: 3 der nachfolgend aufgeführten Punkte treffen zu
0,4: 4–5 der nachfolgend aufgeführten Punkte treffen zu
0,5: 6 der nachfolgend aufgeführten Punkte treffen zu
0,6: 7–8 der nachfolgend aufgeführten Punkte treffen zu
0,7: 9 der nachfolgend aufgeführten Punkte treffen zu
0,8: 10–11 der nachfolgend aufgeführten Punkte treffen zu
0,9: 12 der nachfolgend aufgeführten Punkte treffen zu

5.2 Maßnahmen gegen Feuer und Verrauchung

1. Die Klimaanlagen stehen in eigenen F 90-Räumen
    a) Erfüllt erhöhte Anforderungen an einen EDV-Bereich (3)
    b) Erhöhte Anschaffungskosten (3)
    c) Geringe Unterhaltungskosten (1)
    d) Erfüllt seinen Zweck zuverlässig (3), in Verbindung mit Punkt 2
2. K 90-Klimakanalklappen, mit Rauchmelderansteuerung in Zu- und Abluft
    a) Notwendig für einen EDV-Bereich, der Klimakanäle hat (3)
    b) Relativ geringe Anschaffungskosten (2)
    c) Kaum Unterhaltungskosten (1)
    d) Erfüllt seinen Zweck zuverlässig (3)
3. Es ist ein F 90-Druckerraum vorhanden
    a) Notwendig für einen EDV-Bereich (3)
    b) Höhere Anschaffungskosten (2)
    c) Kaum Unterhaltungskosten (1)
    d) Erfüllt seinen Zweck zuverlässig (3)
4. Es ist ein F 90-USV-Anlagenraum vorhanden
    a) Erfüllt erhöhte Anforderungen an einen EDV-Bereich (3)
    b) Erhöhte Anschaffungskosten (2)
    c) Kaum Unterhaltungskosten (1)
    d) Erfüllt seinen Zweck zuverlässig (3)
5. Es ist ein F 90-Netzersatzanlagenraum vorhanden
    a) Erfüllt erhöhte Anforderungen an einen EDV-Bereich (4)
    b) Erhöhte Anschaffungskosten (3)
    c) Geringe Unterhaltungskosten (2)
    d) Erfüllt seinen Zweck zuverlässig (4)
6. Es ist F 90-Schutz der Stromhaupt- und Stromunterverteilungen realisiert und eine gesonderte Kabelführungen vorhanden
    a) Erfüllt hohe Anforderungen an einen EDV-Bereich (4)
    b) Erhöhte Anschaffungskosten (3)
    c) Kaum Unterhaltungskosten (2)
    d) Erfüllt seinen Zweck zuverlässig (4), wenn es zudem noch Brandmelder gibt
7. Nur brandgeschützte Leuchten mit elektronischen Vorschaltgeräten sind im EDV-Bereich vorhanden
    a) Notwendig und Standard für einen EDV-Bereich (2)
    b) Relativ geringe Anschaffungskosten (2)
    c) Keine Unterhaltungskosten (1)

      d) Erfüllt seinen Zweck zuverlässig (3)
8. *Die Transformatorbereiche sind nach F 90 ausgelegt*
   a) Gesetzlich vorgeschrieben (2)
   b) Normal übliche Anschaffungskosten (2)
   c) Keine Unterhaltungskosten (1)
   d) Erfüllt seinen Zweck zuverlässig (3), wenn es auch weitere Brandbereiche gibt
9. *Verbot privater Elektrogeräte (Kaffeemaschinen, Kühlschränke usw.), Aufstellung in F 90-Bereichen (Küchen)*
   a) Notwendig und Standard für einen EDV-Bereich (2)
   b) Keine Anschaffungskosten (1)
   c) Keine Unterhaltungskosten (1)
   d) Erfüllt seinen Zweck zuverlässig (3)
10. *Keine gefahrenerhöhenden Einrichtungen im Haus*
    a) Notwendig und Standard für einen EDV-Bereich (2)
    b) Keine Anschaffungskosten (Planung) (1)
    c) Keine Unterhaltungskosten (1)
    d) Erfüllt seinen Zweck zuverlässig (3)
11. *Es herrscht Rauchverbot und gibt Raucherräume*
    a) Notwendig und Standard für einen EDV-Bereich (2)
    b) Geringe Anschaffungskosten (1)
    c) Geringe Unterhaltungskosten (1)
    d) Erfüllt seinen Zweck zuverlässig (3), wenn die Raucherbereiche nach F 90 abgetrennt sind
12. *Zündquellen sind weitgehend gekapselt*
    a) Notwendig und Standard für einen EDV-Bereich (2)
    b) Erhöhte Anschaffungskosten (2)
    c) Kaum Unterhaltungskosten (1)
    d) Erfüllt seinen Zweck zuverlässig (3), wenn eine Brandüberwachung stattfindet

Zu III: (Branderkennung): $x_{2.3} =$
0,1: 0 der nachfolgend aufgeführten Punkte treffen zu
0,2: 1 der nachfolgend aufgeführten Punkte trifft zu
0,3: 2 der nachfolgend aufgeführten Punkte treffen zu
0,4: 3–4 der nachfolgend aufgeführten Punkte treffen zu
0,5: 5 der nachfolgend aufgeführten Punkte treffen zu
0,6: 6–7 der nachfolgend aufgeführten Punkte treffen zu
0,7: 8 der nachfolgend aufgeführten Punkte treffen zu

5.2 Maßnahmen gegen Feuer und Verrauchung

0,8: 9–10 der nachfolgend aufgeführten Punkte treffen zu
0,9: 11 der nachfolgend aufgeführten Punkte treffen zu

1. Es sind automatische Brandmelder mit VdS-Anerkennung in allen Räumen des EDV-Bereichs (Nachbarräume, Aufzugsschächte, Keller- und Dachbereiche) vorhanden (O-/I-Melder oder Durchlichtrauchmelder, keine Wärmemelder)
   a) Erfüllt erhöhte Anforderungen an einen EDV-Bereich (3)
   b) Erhöhte Anschaffungskosten (3)
   c) Relativ geringe Unterhaltungskosten (2)
   d) Erfüllt seinen Zweck zuverlässig (4), wenn die BMZ direkt zur FW geschaltet ist
2. Es kommen ausschließlich Rauchmelder zum Einsatz
   a) Notwendig und Standard für einen EDV-Bereich (3)
   b) Normal übliche Anschaffungskosten zu einer Brandmeldeanlage (1)
   c) Keine zusätzlichen Unterhaltungskosten zur üblichen Wartung (1)
   d) Erfüllt seinen Zweck zuverlässig (3)
3. Die Brandmeldeanlage ist nach der Zweimelderabhängigkeit ausgelegt (erster Alarm vor Ort, Schließen der Türen automatisch; zweiter Alarm zur Feuerwehr, Abschalten der Klimaanlagen und zeitverzögert auch der EDV-Anlagen, Schließen der Brandschutzklappen, komplette Stromabschaltung, Auslösen der Brandlöschanlage, so vorhanden)
   a) Erfüllt erhöhte Anforderungen an einen EDV-Bereich (4)
   b) Erhöhte Anschaffungskosten (3)
   c) Keine zusätzlichen Unterhaltungskosten (1)
   d) Erfüllt seinen Zweck zuverlässig (4)
4. Es sind Objektmelder an allen elektrischen Geräten im EDV-Bereich vorhanden, die im Detektionsfall kontrolliert automatische Schaltungen vornehmen und/oder die Objektlöschanlage auslösen
   a) Erfüllt hohe Anforderungen an einen EDV-Bereich (4)
   b) Hohe Anschaffungskosten (4)
   c) Geringe Unterhaltungskosten (2)
   d) Erfüllt seinen Zweck zuverlässig, wenn eine Brandmeldeanlage vorhanden ist (4)

5. Es ist eine Klimakanalüberwachung mit automatischen Schaltungen und automatischer Meldung an eine ständig besetzte Stelle vorhanden
   a Erfüllt hohe Anforderungen an einen EDV-Bereich (3)
   b) Erhöhte Anschaffungskosten (3)
   c) Geringe Unterhaltungskosten (1)
   d) Erfüllt seinen Zweck zuverlässig (4)
6. Hand-Druckknopffeuermelder flächendeckend vorhanden
   a) Notwendig und Standard für einen EDV-Bereich (2)
   b) Geringe Anschaffungskosten (2)
   c) Kaum Unterhaltungskosten (1)
   d) Erfüllt seinen Zweck befriedigend (2)
7. Direktschaltung aller Brandalarme zur Feuerwehr
   a) Notwendig und Standard für einen EDV-Bereich (3)
   b) Normal übliche Anschaffungskosten (2)
   c) Geringe Unterhaltungskosten (2)
   d) Erfüllt seinen Zweck zuverlässig (3)
8. Ständig besetzte Wachzentrale vorhanden, mit ausgebildeten Feuerwehr-Leuten
   a) Erfüllt hohe Anforderungen an einen EDV-Bereich (4)
   b) Hohe Anschaffungskosten (4)
   c) Hohe Unterhaltungskosten (4)
   d) Erfüllt seinen Zweck zuverlässig (4)
9. Das Wachpersonal kontrolliert die Räume im 2-Stunden-Rhythmus
   a) Erfüllt erhöhte Anforderungen an einen EDV-Bereich (4)
   b) Kaum Anschaffungskosten (1)
   c) Höhere Unterhaltungskosten (4)
   d) Erfüllt seinen Zweck zuverlässig (2)
10. Die Brandmeldeanlage wird regelmäßig nach den VdS-Richtlinien gewartet
    a) Notwendig und Standard für einen EDV-Bereich (2)
    b) Keine Anschaffungskosten (1)
    c) Relativ geringe Unterhaltungskosten (2)
    d) Erfüllt seinen Zweck zuverlässig (3)
11. Thermodynamische Überlegungen führen zur Installation der Brandmeldeanlage
    a) Notwendig für einen EDV-Bereich (3)
    b) Relativ geringe Anschaffungskosten (2)

5.2 Maßnahmen gegen Feuer und Verrauchung

c) *Keine Unterhaltungskosten (1)*
d) *Erfüllt seinen Zweck zuverlässig (4)*

Zu IV: (Brandbegrenzung): $x_{2.4} =$
0,1: 0 der nachfolgend aufgeführten Punkte treffen zu
0,2: 1–2 der nachfolgend aufgeführten Punkte treffen zu
0,3: 3 der nachfolgend aufgeführten Punkte treffen zu
0,4: 4–5 der nachfolgend aufgeführten Punkte treffen zu
0,5: 6 der nachfolgend aufgeführten Punkte treffen zu
0,6: 7–8 der nachfolgend aufgeführten Punkte treffen zu
0,7: 9 der nachfolgend aufgeführten Punkte treffen zu
0,8: 10–11 der nachfolgend aufgeführten Punkte treffen zu
0,9: 12 der nachfolgend aufgeführten Punkte treffen zu

1. *Jeder Raum im EDV-Bereich ist rauchdicht und mindestens nach F 90 ausgelegt*
   a) *Erfüllt hohe Anforderungen an einen EDV-Bereich (4)*
   b) *Relativ hohe Anschaffungskosten (4)*
   c) *Keine Unterhaltungskosten (1)*
   d) *Erfüllt seinen Zweck zuverlässig (4)*
2. *Es gibt ausschließlich T 90-Türen im gesamten Gebäude (zumindest zu den relevanten Räumen), ansonsten T 30-Türen; alle Türen selbstschließend, ggf. mit korrekter Melderansteuerung*
   a) *Erfüllt erhöhte Anforderungen an einen EDV-Bereich (4)*
   b) *Relativ hohe Anschaffungskosten (4)*
   c) *Keine Unterhaltungskosten (2)*
   d) *Erfüllt seinen Zweck zuverlässig (4)*
3. *Die Brandlasten sind nach DIN V 18230 nahezu überall im EDV-Bereich $< 40 \, kWh/m^3$*
   a) *Üblich in einem hochsicheren EDV-Bereich (4)*
   b) *Im Prinzip keine Anschaffungskosten (2)*
   c) *Keine Unterhaltungskosten (1)*
   d) *Erfüllt seinen Zweck zuverlässig (4)*
4. *Es gibt ausschließlich F 90-Verglasungen innerhalb des EDV-Bereichs und nach außen mindestens G 30-Verglasungen*
   a) *Erfüllt erhöhte Anforderungen an einen EDV-Bereich (4)*
   b) *Relativ hohe Anschaffungskosten (4)*
   c) *Keine Unterhaltungskosten (1)*

d) Erfüllt seinen Zweck zuverlässig (4)
5. Es sind keine baulichen Brandlasten vorhanden
   a) Notwendig und Standard für einen EDV-Bereich (3)
   b) Normal übliche Anschaffungskosten bei Neubauten (1), nachträglich kaum noch zu ändern (4)
   c) Keine Unterhaltungskosten (1)
   d) Erfüllt seinen Zweck zuverlässig (3)
6. Es führen keine oder rauchdichte und feuerresistent abgetrennte Aufzüge in den EDV-Bereich
   a) Notwendig und Standard für einen EDV-Bereich (3)
   b) Erhöhte Anschaffungskosten (3)
   c) Keine Unterhaltungskosten (1)
   d) Erfüllt seinen Zweck zuverlässig (4)
7. Die Klimakanalklappen werden regelmäßig gewartet und über Rauchmelder angesteuert
   a) Notwendig und Standard für einen EDV-Bereich (2)
   b) Geringe Anschaffungskosten (1)
   c) Geringe Unterhaltungskosten (1)
   d) Erfüllt seinen Zweck zuverlässig (3)
8. Alle Leitungen in Wänden sind mit bauaufsichtlich zugelassenen Abschottungen der Feuerwiderstandsdauer F 90 versehen
   a) Notwendig und Standard für einen EDV-Bereich (2)
   b) Relativ geringe Anschaffungskosten (2)
   c) Geringe, aber permanente Unterhaltungskosten (1)
   d) Erfüllt seinen Zweck zuverlässig (3)
9. Es gibt nur nichtbrennbare, geschlossene oder selbstlöschende Abfallbehälter
   a) Notwendig und Standard für einen EDV-Bereich (2)
   b) Sehr geringe Anschaffungskosten (1)
   c) Keine Unterhaltungskosten (1)
   d) Erfüllt seinen Zweck zuverlässig (3)
10. Es gibt F 90-Durchreichen im EDV-Bereich
    a) Notwendig und Standard für einen EDV-Bereich (3)
    b) Erhöhte Anschaffungskosten (3)
    c) Keine Unterhaltungskosten (1)
    d) Erfüllt seinen Zweck zuverlässig (3)
11. Relevante Server und EDV-Geräte stehen in VDMA-geprüften und zugelassenen Tresoren (Güteklasse S 120 DIS), die im Brandfall automatisch die Maschinen einziehen und schließen

5.2 Maßnahmen gegen Feuer und Verrauchung

a) Überdurchschnittlich hoher Schutz für einen EDV-Bereich (4)
b) Hohe Anschaffungskosten (4)
c Geringe Unterhaltungskosten (2)
d) Erfüllt seinen Zweck äußerst zuverlässig (4)

12. Es gibt in jedem Doppelbodenraum mindestens 2 Doppelboden-Plattenheber
    a) Üblicher Schutz für einen EDV-Bereich (2)
    b) Praktisch keine Anschaffungskosten (1)
    c) Keine Unterhaltungskosten (1)
    d) Erfüllt seinen Zweck zuverlässig (3)

Zu V: (Brandbekämpfung): $x_{2,5} =$
0,1: < 2 der nachfolgend aufgeführten Punkte treffen zu
0,2: 2-4 der nachfolgend aufgeführten Punkte treffen zu
0,3: 5-7 der nachfolgend aufgeführten Punkte treffen zu
0,4: 8-10 der nachfolgend aufgeführten Punkte treffen zu
0,5: 11-13 der nachfolgend aufgeführten Punkte treffen zu
0,6: 14-16 der nachfolgend aufgeführten Punkte treffen zu
0,7: 17-19 der nachfolgend aufgeführten Punkte treffen zu
0,8: 20-22 der nachfolgend aufgeführten Punkte treffen zu
0,9: 23-25 der nachfolgend aufgeführten Punkte treffen zu

1. Es steht eine nach Landesrecht anerkannte Werkfeuerwehr, mit geeigneter Ausrüstung für einen EDV-Bereich zur Verfügung, die vom VdS mit 35 % rabattiert wird
   a) Erfüllt hohe Anforderungen (4)
   b) Hohe Anschaffungskosten (4)
   c) Hohe Unterhaltungskosten (4)
   d) Erfüllt seinen Zweck extrem zuverlässig (4)
2. Vorgesteuerte Sprinkleranlage in den Nebenbereichen vom EDV-Bereich, bei weiteren effektiven Maßnahmen gegen Wasserschäden
   a) Erfüllt erhöhte Anforderungen (4)
   b) Hohe Anschaffungskosten (4)
   c) Relativ geringe Unterhaltungskosten (3)
   d) Erfüllt seinen Zweck zuverlässig, in Verbindung mit den Punkten 3 und 4 (4)
3. Flutung der Raumebenen im EDV-Bereich mit Löschgas, sauberer Doppelboden muß jedoch gewährleistet sein

a) *Erfüllt erhöhte Anforderungen (3)*
   b) *Relativ hohe Anschaffungskosten (4)*
   c) *Geringe Unterhaltungskosten (2)*
   d) *Erfüllt seinen Zweck zuverlässig, in Verbindung mit Punkt 4 und Brandmeldeanlage (4)*
4. *Flutung aller EDV-Geräte und der Stromverteilungen mit Löschgas*
   a) *Erfüllt hohe Anforderungen (4)*
   b) *Hohe Anschaffungskosten (4)*
   c) *Kaum Unterhaltungskosten (2)*
   d) *Erfüllt seinen Zweck zuverlässig in Verbindung mit einer BMA (4)*
5. *Fahrbare CO_2-Löscher (50 kg) flächendeckend vorhanden*
   a) *Notwendig und Standard für einen EDV-Bereich (3)*
   b) *Relativ geringe bzw. vertretbare Anschaffungskosten (3)*
   c) *Kaum Unterhaltungskosten (1)*
   d) *Erfüllt seinen Zweck zuverlässig, wenn das Personal geschult ist (4)*
6. *Löschmitteleinlaßöffnungen im Doppelboden vorhanden*
   a) *Notwendig und Standard für einen EDV-Bereich (3)*
   b) *Sehr geringe Anschaffungskosten (1, nachrüstend etwas teurer (2))*
   c) *Keine Unterhaltungskosten (1)*
   d) *Im Schadenfall: Zuverlässige Maßnahme (3)*
7. *Genügend Handfeuerlöscher mit Wasser für Feststoffbrände und CO_2 für Gerätebrände vorhanden, mit entsprechender Ausschilderung*
   a) *Notwendig und Standard für einen EDV-Bereich (2)*
   b) *Normal übliche Anschaffungskosten (2)*
   c) *Äußerst geringe Unterhaltungskosten (1)*
   d) *Erfüllt seinen Zweck zuverlässig (3)*
8. *Wandhydranten mit formstabilen Schläuchen in den Nachbarbereichen und im Papierlager vorhanden*
   a) *Notwendig und Standard für einen EDV-Bereich (3)*
   b) *Geringe Anschaffungskosten in der Bauphase (2, nachrüstend etwas teurer (3))*
   c) *Keine Unterhaltungskosten (1)*
   d) *Erfüllt seinen Zweck zuverlässig (4)*
9. *Es stehen mindestens 192 m^3/h Löschwasser bereit*

5.2 Maßnahmen gegen Feuer und Verrauchung

    a) *Notwendig und Standard für einen EDV-Bereich (2)*
    b) *Keine Anschaffungskosten (zahlt die Gemeinde bzw. bei einem Neubaugebiet wird das in die Erschließungsgebühren eingerechnet) (1)*
    c) *Keine Unterhaltungskosten (1)*
    d) *Erfüllt seinen Zweck zuverlässig (3)*

10. *Die qualitativ hochwertige sicherheitstechnische Ausbildung aller Mitarbeiter ist gewährleistet*
    a) *Notwendig und Standard für einen EDV-Bereich (3)*
    b) *Geringe Anschaffungskosten (2)*
    c) *Relativ geringe, aber permanente Unterhaltungskosten (3)*
    d) *Erfüllt seinen Zweck zuverlässig (4)*

11. *Geschlossene Atemschutzgeräte sind für die Werkfeuerwehr und Berufsfeuerwehr bzw. freiwillige Feuerwehr vorhanden*
    a) *Notwendig und Standard für einen EDV-Bereich (3)*
    b) *Relativ hohe Anschaffungskosten (3)*
    c) *Vertretbar geringe Unterhaltungskosten (3)*
    d) *Erfüllt seinen Zweck zuverlässig, wenn die Löschkräfte qualifiziert sind (4)*

12. *Es gibt nur Handfeuerlöscher mit rückstandsfreien Löschmitteln in Maschinenräumen (Kohlendioxid)*
    a) *Absolut notwendig und auch Standard für einen EDV-Bereich (2)*
    b) *Keine zusätzlichen Anschaffungskosten (1)*
    c) *Keine zusätzlichen Unterhaltungskosten (1)*
    d) *Erfüllt seinen Zweck zuverlässig (3)*

13. *Es gibt ausreichend viele, homogen verteilte und deutlich sichtbar angebrachte Handfeuerlöscher*
    a) *Notwendig und Standard für einen EDV-Bereich (2)*
    b) *Normal übliche Anschaffungskosten (1)*
    c) *Keine zusätzlichen Unterhaltungskosten (1)*
    d) *Erfüllt seinen Zweck zuverlässig (3)*

14. *Alle Mitarbeiter werden im Umgang mit Handfeuerlöschern regelmäßig geschult*
    a) *Notwendig und Standard für einen EDV-Bereich (3)*
    b) *Keine Anschaffungskosten (1)*
    c) *Permanente, aber geringe Unterhaltungskosten (2)*
    d) *Erfüllt seinen Zweck zuverlässig (3)*

15. Die Löschanlage(n) wurde(n) nach den VdS-Richtlinien errichtet und gewartet
    a) Erfüllt erhöhte Anforderungen (3)
    b) Erhöhte Anschaffungskosten (3)
    c) Jährlich wiederkehrende Unterhaltungskosten (2)
    d) Erfüllt seinen Zweck zuverlässig (4)
16. Der Ortslöschrabatt der Berufsfeuerwehr ist größer als 6 % (keine freiwillige Feuerwehr)
    a) Wünschenswert für einen EDV-Bereich (1)
    b) Keine Anschaffungskosten (Standortplanung) (1)
    c) Keine Unterhaltungskosten (1)
    d) Erfüllt seinen Zweck zuverlässig, wenn eine Brandmeldeanlage oder Werkschutz vorhanden ist und wenn die Löschkräfte instruiert sind und rechtzeitig gerufen werden (3)
17. Die Feuerwehr ist in weniger als 10 min. vor Ort
    a) Wünschenswert für einen EDV-Bereich (1)
    b) Keine Anschaffungskosten (Standortplanung) (1)
    c) Keine Unterhaltungskosten (1)
    d) Erfüllt seinen Zweck zuverlässig (3)
18. Bodenplatten, unter denen sich Brandmelder befinden, sind gekennzeichnet
    a) Notwendig und Standard für einen EDV-Bereich (2)
    b) Keine Anschaffungskosten (1)
    c) Keine Unterhaltungskosten (1)
    d) Erfüllt seinen Zweck zuverlässig (3)
19. Gekennzeichnete Bodenplatten, unter denen sich Brandmelder befinden sind mit einer Kette versehen
    a) Notwendig und Standard für einen EDV-Bereich (2)
    b) Äußerst geringe Anschaffungskosten (1)
    c) Keine Unterhaltungskosten (1)
    d) Erfüllt seinen Zweck zuverlässig (3)
20. Alle verdeckten Melder im Deckenbereich sind sichtbar gekennzeichnet
    a) Notwendig und Standard für einen EDV-Bereich (2)
    b) Äußerst geringe Anschaffungskosten (1)
    c) Keine Unterhaltungskosten (1)
    d) Erfüllt seinen Zweck zuverlässig (3)
21. Es gibt einen Feuerwehr-Schlüsselkasten
    a) Notwendig und Standard für einen EDV-Bereich (3)

5.2 Maßnahmen gegen Feuer und Verrauchung

     b) *Geringe Anschaffungskosten (1)*
     c) *Keine Unterhaltungskosten (1)*
     d) *Erfüllt seinen Zweck relativ zuverlässig (3)*
22. *Es gibt ein Paralleltableau für alle Melder*
     a) *Notwendig und Standard für einen größeren EDV-Bereich (3)*
     b) *Vertretbar geringe Anschaffungskosten (2)*
     c) *Keine Unterhaltungskosten (1)*
     d) *Erfüllt seinen Zweck zuverlässig (3)*
23. *Es gibt ein Feuerwehr-Bedienfeld mit der Lage aller Brandmelder*
     a) *Notwendig und Standard für einen größeren EDV-Bereich (4)*
     b) *Relativ geringe Anschaffungskosten (2)*
     c) *Keine Unterhaltungskosten (1)*
     d) *Erfüllt seinen Zweck zuverlässig (4)*
24. *Es gibt mehrere Löschmittel-Einlaßöffnungen in jedem Raum, der über einen Doppelboden verfügt*
     a) *Notwendig und Standard für einen EDV-Bereich (2)*
     b) *Äußerst geringe Anschaffungskosten (1)*
     c) *Keine Unterhaltungskosten (1)*
     d) *Erfüllt seinen Zweck zuverlässig (3)*
25. *Alle Handfeuerlöscher sind deutlich für ihren Einsatzzweck oder über Einsatzverbote ausgeschildert*
     a) *Notwendig und Standard für einen EDV-Bereich (2)*
     b) *Äußerst geringe Anschaffungskosten (1)*
     c) *Keine Unterhaltungskosten (1)*
     d) *Erfüllt seinen Zweck zuverlässig (3)*

Zu VI: (Minimierung der Betriebsunterbrechung): $x_{2.6} =$
0,1: < 2 der nachfolgend aufgeführten Punkte treffen zu
0,2: 2–3 der nachfolgend aufgeführten Punkte treffen zu
0,3: 4–5 der nachfolgend aufgeführten Punkte treffen zu
0,4: 6–7 der nachfolgend aufgeführten Punkte treffen zu
0,5: 8–9 der nachfolgend aufgeführten Punkte treffen zu
0,6: 10–11 der nachfolgend aufgeführten Punkte treffen zu
0,7: 12–13 der nachfolgend aufgeführten Punkte treffen zu
0,8: 14–15 der nachfolgend aufgeführten Punkte treffen zu
0,9: 16–17 der nachfolgend aufgeführten Punkte treffen zu

1. Ein geeigneter Backup-Vertrag ist abgeschlossen
   a) Notwendig und Standard für einen EDV-Bereich (4)
   b) Normale bis hohe Anschaffungskosten, je nach Backup-Art (2 oder 3)
   c) Normale bis hohe monatliche Unterhaltungskosten (4)
   d) Erfüllt seinen Zweck zuverlässig (4)
2. Weitgehend wurden chlorhaltige Kunststoffe (PVC) vermieden (Möbel, Kabel, Gebäudeteile, Wand-, Boden- und Deckenverkleidungen usw.)
   a) Erfüllt erhöhte Anforderungen an einen EDV-Bereich (3)
   b) (Noch) höhere Anschaffungskosten (3)
   c) Keine Unterhaltungskosten (1)
   d) Erfüllt seinen Zweck zuverlässig (4)
3. Es kommen (soweit möglich) ausschließlich nicht halogenhaltige F 90-Verkabelungen (= E 90 nach DIN 4102) für Strom- und Datenleitungen zum Einsatz
   a) Erfüllt hohe Anforderungen an einen EDV-Bereich (4)
   b) Höhere Anschaffungskosten (3)
   c) Geringe Unterhaltungskosten (3)
   d) Erfüllt seinen Zweck sehr zuverlässig (4)
4. Es sind automatisch ansprechende Rauch- und Wärmeabzugsanlagen vorhanden
   a) Standard für einen EDV-Bereich (2)
   b) Relativ geringe Anschaffungskosten (2)
   c) Kaum Unterhaltungskosten (1)
   d) Erfüllt seinen Zweck zuverlässig (3)
5. Es gibt im Unternehmen Raumentfeuchter für den Notfall
   a) Notwendig und Standard für einen EDV-Bereich (4)
   b) Vertretbar geringe Anschaffungskosten (2)
   c) Keine Unterhaltungskosten (1)
   d) Erfüllt seinen Zweck zuverlässig (4)
6. Der CPU-Raum ist höherwertiger als F 90 ausgelegt: Komplextrennwand, F 180
   a) Erfüllt hohe Anforderungen an einen EDV-Bereich (4)
   b) Höhere Anschaffungskosten (3)
   c) Keine Unterhaltungskosten (1)
   d) Erfüllt seinen Zweck zuverlässig (4)

5.2 Maßnahmen gegen Feuer und Verrauchung

7. Es gibt eine nichtbrennbare Dachisolierung
   a) Notwendig und Standard für einen hochwertigen EDV-Bereich (4)
   b) Normal übliche Anschaffungskosten(2); nachrüstbar aufwendiger (3)
   c) Keine zusätzlichen Unterhaltungskosten (1)
   d) Erfüllt seinen Zweck zuverlässig (3)
8. Keiner der F 90-Brandbereiche beinhaltet mehr als 25 % der Sachwerte; das Schutzniveau ist jeweils identisch
   a) Erfüllt erhöhte Anforderungen an einen EDV-Bereich (4)
   b) Erhöhte Anschaffungskosten, da Raumsplittung (4)
   c) Erhöhte Unterhaltungskosten (größeren Raumbedarf) (2)
   d) Erfüllt seinen Zweck zuverlässig (4)
9. Die Berufsfeuerwehr wurde über den EDV-Bereich informiert und auch auf die Empfindlichkeit gegenüber Wasser, Pulver und Schaum
   a) Notwendig und Standard für einen EDV-Bereich (2)
   b) Keine Anschaffungskosten (1)
   c) Nahezu keine Unterhaltungskosten (1)
   d) Erfüllt seinen Zweck zuverlässig (3)
10. Es sind Absprachen mit kurzfristig einsatzbereiten Sanierungsfirmen für Geräte und Gebäude getroffen
    a) Notwendig und Standard für einen EDV-Bereich (3)
    b) Keine Anschaffungskosten (1)
    c) Keine Unterhaltungskosten (1)
    d) Erfüllt seinen Zweck zuverlässig (4)
11. Bauliche Komplextrennungen (gemäß den VdS-Bestimmungen) für relevante und redundante Räume sind realisiert
    a) Erfüllt hohe Anforderungen an einen EDV-Bereich (4)
    b) Hohe Anschaffungskosten, nicht nachrüstbar (4)
    c) Keine Unterhaltungskosten (1)
    d) Erfüllt seinen Zweck zuverlässig (4)
12. Eine kurzfristige Entfernung aller gefährdeten Geräte ist technisch, räumlich und personell realisierbar
    a) Notwendig und Standard für einen EDV-Bereich (3)
    b) Keine Anschaffungskosten (1)
    c) Keine Unterhaltungskosten (1)
    d) Erfüllt seinen Zweck zuverlässig (3)

13. Es gibt eine Organisation über kurzfristige Gerätebeschaffung (EDV-Geräte, Klimageräte und elektrotechnische Anlagen)
    a) Notwendig für einen EDV-Bereich (3)
    b) Keine Anschaffungskosten (lediglich Personalkosten durch die Organisation) (1)
    c) Keine Unterhaltungskosten (1)
    d) Erfüllt seinen Zweck zuverlässig (4)
14. Informationen über mögliche behördliche Wiederaufbaubeschränkungen liegen vor
    a) Notwendig für einen EDV-Bereich (3)
    b) Keine Anschaffungskosten (1)
    c) Keine Unterhaltungskosten (1)
    d) Erfüllt seinen Zweck zuverlässig (3)
15. Um- und Neubaupläne sind mit der Baubehörde vorab abgesprochen
    a) Notwendig für einen EDV-Bereich (3)
    b) Geringe Anschaffungskosten (1)
    c) Kaum Unterhaltungskosten (1)
    d) Erfüllt seinen Zweck zuverlässig (3)
16. Wichtige elektronische Geräte stehen in offenen, feuerresistenten und rauchdichten Tresoren, die im Brandfall automatisch schließen
    a) Erfüllt sehr hohe Anforderungen an einen EDV-Bereich (4)
    b) Hohe Anschaffungskosten (4)
    c) Kaum Unterhaltungskosten (2)
    d) Erfüllt seinen Zweck äußerst zuverlässig (4)
17. Die Bodenstützen in allen Doppelböden sind nicht aus ungeschütztem Aluminium, sondern es sind mindestens feuerhemmend geschützte Alustützen oder Stahlstützen
    a) Erfüllt normale Anforderungen an einen EDV-Bereich (2)
    b) Normale Anschaffungskosten (2–3)
    c) Keine Unterhaltungskosten (1)
    d) Erfüllt seinen Zweck zuverlässig (3)

Zu VII: (Äußere Parameter und organisatorische Maßnahmen):
$x_{2,7} =$
0,2: 0 der nachfolgend aufgeführten Punkte treffen zu
0,3: 1 der nachfolgend aufgeführten Punkte trifft zu
0,4: 2 der nachfolgend aufgeführten Punkte treffen zu

5.2 Maßnahmen gegen Feuer und Verrauchung

0,5: 3 der nachfolgend aufgeführten Punkte treffen zu
0,6: 4 der nachfolgend aufgeführten Punkte treffen zu
0,7: 5 der nachfolgend aufgeführten Punkte treffen zu
0,8: 6 der nachfolgend aufgeführten Punkte treffen zu
0,9: 7 der nachfolgend aufgeführten Punkte treffen zu

1. Es entstehen keine Brand- oder Explosionsgefahren aus den Gebäudenutzungen in der Nachbarschaft
   a) Notwendig und Standard für einen EDV-Bereich (2)
   b) Keine Anschaffungskosten (Planung; nachrüstend nicht realisierbar) (1)
   c) Keine Unterhaltungskosten (1)
   d) Erfüllt seinen Zweck zuverlässig (3)
2. Keine Brand- oder Explosionsgefahr aus anderen Gebäudenutzungen
   a) Notwendig und Standard für einen EDV-Bereich (2)
   b) Keine Anschaffungskosten (Planung; nachrüstend nicht realisierbar) (1)
   c) Keine Unterhaltungskosten (1)
   d) Erfüllt seinen Zweck zuverlässig (3)
3. Keine/geringe Brandlasten und Zündquellen in den angrenzenden Nachbarbereichen des Gebäudes
   a) Notwendig und Standard für einen EDV-Bereich (2)
   b) Keine Anschaffungskosten; läßt sich nur während der Planung realisieren (1)
   c) Keine Unterhaltungskosten (1)
   d) Erfüllt seinen Zweck zuverlässig (3)
4. Es gibt gesicherte Feuerwehr-Zufahrtswege
   a) Notwendig und Standard für einen EDV-Bereich (2)
   b) Äußerst geringe Anschaffungskosten (Planung) (1), nachrüstend teurer (3)
   c) Keine Unterhaltungskosten (1)
   d) Erfüllt seinen Zweck relativ zuverlässig (3)
5. Es findet eine regelmäßige Begehung mit der Feuerwehr statt
   a) Notwendig und Standard für einen EDV-Bereich (2)
   b) Keine Anschaffungskosten (1)
   c) Keine Unterhaltungskosten (lediglich Personalkosten) (1)
   d) Erfüllt seinen Zweck zuverlässig (3)

6. Es gibt Feuerwehr-Einsatzpläne
   a) Notwendig und Standard für einen EDV-Bereich (2)
   b) Relativ geringe Anschaffungskosten (2)
   c) Kaum Unterhaltungskosten (1)
   d) Erfüllt seinen Zweck zuverlässig (3)
7. Es gibt einen Brandschutzbeauftragten für den EDV-Bereich und mindestens einen Stellvertreter
   a) Notwendig und Standard für einen EDV-Bereich (2)
   b) Relativ geringe Anschaffungskosten (2)
   c) Kaum Unterhaltungskosten (2)
   d) Erfüllt seinen Zweck zuverlässig (3)

Aus diesen sieben Beurteilungskriterien berechnet sich die Gesamtnote X_2:

$$X_2 = (x_{2,1} \cdot x_{2,2} \cdot x_{2,3} \cdot x_{2,4} \cdot x_{2,5} \cdot x_{2,6} \cdot x_{2,7})^{1/7}$$

$$0{,}110 \leq X_2 \leq 0{,}9$$

5.3
Maßnahmen gegen Fehlfunktionen der Klimatisierung

Die Klimatisierung besteht aus Klimaanlagen, Klimakanälen zu und von den zu klimatisierenden Räumen, Filteranlagen und Rückkühleinheiten; darüber hinaus sind zur Klimatechnik separate Klimaanlagen-Überwachungsanlagen, automatische Klimaanlagen-Abschaltung, Rauchmelder in den Klimakanälen (Zu- und Abluft), Stromversorgungen und Notstromaggregate (nur Netzersatzanlage, keine USV-Anlage) vorhanden. Fast jedes dieser Elemente kann durch seinen Ausfall das System lahmlegen, deshalb gilt der Schutz allen Teilen. Primär muß auf die Rückkühleinheiten geachtet werden (siehe Abb. 66), da sich diese meist im Freien befinden und dort besonders leicht durch Vorsatz oder klimatische Ereignisse beschädigt werden können.

Es ist jeoch zu beachten, daß Klimaanlagen aufgrund der großen Strommengen, die für deren Betrieb benötigt werden, leichter als andere Geräte brennen können; deshalb sollen die Klimageräte nicht im CPU-Raum (siehe Abb. 67) stehen, sondern in separaten, feuerbeständig abgetrennten Räumen.

Die Klimaanlagen sollen in ihrer Kapazität gesplittet werden, um bei Ausfall einzelner Geräte (z. B. auch bei Wartungsarbeiten) einen weiter

5.3 Maßnahmen gegen Fehlfunktionen der Klimatisierung

Abb. 66 Nicht sabotagegeschützte Klimaanlagen-Rückkühlereinheit

Abb. 67 Klimaanlagen in den Rechenzentrumsräumen sind eine hohe und unnötige Gefährdung

störungsfreien Betrieb zu gewährleisten. Dabei ergibt diese Splittung nur dann Sinn, wenn die Geräte in unterschiedlichen Brandbereichen aufgestellt sind, da andernfalls ein Schadenereignis alle im Raum befindlichen Geräte beschädigen oder zerstören kann. Empfehlenswert bzw. allgemein üblich ist die Auslegung nach drei verschiedenen Möglichkeiten:

1. Drei Anlagen mit je 50 % der benötigten Kapazität.
2. Zwei Anlagen mit je 100 % der benötigten Kapazität.
3. Die Auslegung nach dem Prinzip „n + 1": Es sind „n" Klimageräte nötig (z. B. 2 Stück) und n + 1 (also in diesem Fall 3 Stück) vorhanden (n = 1, 2, 3 usw.), die in unterschiedlichen Räumen aufgestellt werden.

Wenn eine Ausfallursache ein System und dessen redundante Anlage zeitgleich außer Betrieb setzen kann, dann hat sich die Investition für die redundante Anlage einerseits nicht gelohnt und andererseits wird die Sicherheit durch diese zweite Anlage auch nicht erhöht.

Die Rohr- oder Schlauchleitungen der Klimaanlagen sind entweder zu überwachen, oder doppelt ummantelt auszulegen und ebenfalls zu überwachen, um einen Flüssigkeitsaustritt frühestmöglich gemeldet

Abb. 68 Zu niedriger Doppelboden, zu viele Kabel und ungeschützte Leitung mit Flüssigkeit (!)

5.3 Maßnahmen gegen Fehlfunktionen der Klimatisierung

zu bekommen. In der Abb. 68 sieht man entsprechend verlötete Leitungen, die nicht geschützt im Doppelboden verlegt worden sind. Auch Klimaanlagen, die im Deckenbereich angebracht sind (siehe Abb. 69), bedeuten eine Gefährdung für die EDV-Geräte: Erstens kann es zur Schwitzwasserbildung kommen und tropfendes Wasser kann in die EDV-Geräte gelangen, zweitens kann natürlich auch eine derartige Deckenanlage sich selbst entzünden und drittens kann auch ein Haar-Riß in den Rohrleitungen bzw. Schläuchen zum Austritt von Kühlflüssigkeit führen, woraus ein Ausfall der Klimatisierung resultiert und evtl. auch ein Feuchteschaden.

Die meisten EDV-Geräte benötigen zum optimalen Betrieb ca. 22 °C und 55 % relative Feuchte; bei Geräteausfall kann die Temperatur binnen Minuten oder auch Sekunden den Toleranzbereich verlassen; nur derartige Klimageräte benötigen für die Kaltwassersatz-Umwälzpumpen (eigene) USV-Anlagen.

Klimaanlagen gehören aus Brandschutzgründen nicht in die Räume, die sie klimatisieren:

◆ Klimaanlagen-Wartungstechniker sollen die EDV-Räume nicht betreten müssen bzw. dürfen
◆ Gefährdung durch flüssige und evtl. chemisch aggressive Kühlmittel

Abb. 69 Platzsparender, aber gefährdender Anbringungsort für die Klimaanlage

Abb. 70 Feuerbeständige Verkleidung von Klimakanälen und Kabeltrassen

◆ Gefährdung durch Feuer (Brand in Netzteilen, Lüftern, oder Filter)

Die Klimakanäle sollen möglichst kurze Wege zurücklegen und möglichst wenige Wände durchdringen, um nicht unnötig gefährdet zu werden und gleichzeitig Kosten zu sparen; ist dies nicht möglich, so sind die Klimakanäle feuerbeständig auszulegen (siehe Abb. 70) und die Durchbrüche in Brandwänden sind mit feuerbeständigen Kimakanalklappen zu versehen (siehe Abb. 71). Ideale Auslegung für Klimakanäle bedeutet hermetische Abschottung der Kanäle nach F 90 und in jeden Mauerdurchbruch einer Komplextrennwand oder Brandwand eine K 90-Klimakanalklappe, die über Rauchmelder (und nicht über die träger reagierenden Schmelzlote) angesteuert werden.

Die Wartung von Klimaanlagen ist aufgrund des Verschleißes und der Bedeutung für den EDV-Betrieb besonders wichtig. Im Laufe der Zeit werden Klimaanlagen störanfälliger; Anlagen, die älter als 10 Jahre sind, zeigen sich als erhöht ausfallgefährdet und sollen deshalb prophylaktisch gegen modernere und gleichzeitig stromsparendere Geräte ausgetauscht werden.

5.3 Maßnahmen gegen Fehlfunktionen der Klimatisierung

Abb. 71 Feuerbeständige und über Rauchmelder abgesteuerte Klimakanalklappe

Billigangebote von Klimaanlagen erfüllen oft nicht die erwartete oder versprochene Leistung, zeigen Qualitätsmängel und können aufgrund eines um ca. 60 % höheren Energieverbrauchs die ersparten Kosten schnell wieder zunichte machen.

Klimaanlagen verfügen normalerweise über Klimaanlagen-Überwachungsanlagen und auch über Wärmemelder in den Geräten selbst. Da aber die integrierten Melder nicht in allen Bauteilen und auch in der Stromversorgung von der Klimaanlage unabhängig sind, können sie nicht als selbständig bezeichnet werden. Eine in allen Punkten von der Klimaanlage unabhängige Überwachungsanlage wird deshalb pauschal immer empfohlen. Die Überwachung mittels Aufzeichnungsgerät dient lediglich zur Kontrolle (siehe Abb. 72), nicht aber dem Schutz.

Schnelle Temperaturänderungen durch die Klimaanlagen können zum Ausfall der EDV-Anlagen führen, deshalb sind die vom Gerätehersteller angegebenen Werte einzuholen und die Klimaanlagensteuerung darauf einzustellen.

Die folgenden Faktoren tragen zur Gesamtbeurteilung der Gefahr durch die Klimatisierung bei:

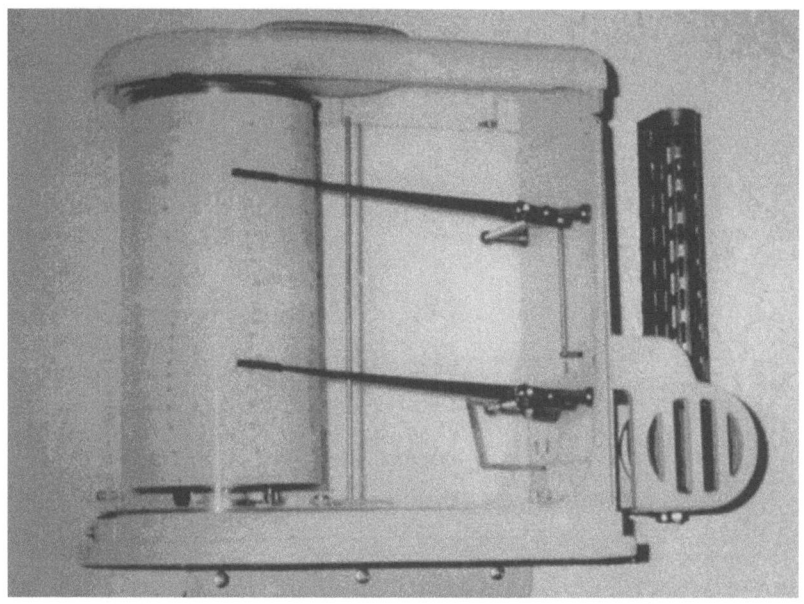

Abb. 72 Gerät zur Dokumentation der Klimawerte Temperatur und Feuchte

I. Abhängigkeit des Betriebs von der Klimatisierung ($x_{3.1}$)
II. Zuverlässigkeit der Klimaanlage ($x_{3.2}$)
III. Versorgungssicherheit der Klimaanlage ($x_{3.3}$)
IV. Detektionsmöglichkeit eines Ausfalls der Klimatisierung ($x_{3.4}$)
V. Mögliche Störgrößen ($x_{3.5}$)
VI. Die Klimaanlage betreffende sicherheitserhöhende Kriterien ($x_{3.6}$)
VII. Zuverlässigkeit der richtigen Klimatisierung ($x_{3.7}$)
VIII. Sicherheitserhöhende Kriterien des Umfelds ($x_{3.8}$)

Zu I: (Abhängigkeit des Betriebs von der Klimatisierung): $x_{3.1}$ =
0,2: Bei Ausfall der Klimatisierung oder des Kaltwassersatzes wird der Betrieb im EDV-Bereich dadurch binnen Sekunden unterbrochen
0,4: Die Räume des EDV-Bereich müssen ständig voll klimatisiert sein, ein Ausfall der Klimatisierung führt binnen Minuten zum Ausfall
0,6: Der Betrieb benötigt klimatisierte Luft, bei Ausfall muß die Anlage nach ca. 30 min. abgeschaltet werden; an kalten Tagen genügt das Öffnen der Fenster

5.3 Maßnahmen gegen Fehlfunktionen der Klimatisierung

0,8: Der Betrieb benötigt nur an wenigen Tagen im Sommer Luftkühlung, aber keine Feuchteregulierung
1,0: Es wird keine Klimatisierung benötigt

Zu II: (Zuverlässigkeit der Klimaanlage): $x_{3.2} =$
0,2: Die nicht redundante Klimaanlage ist im Gefahrenbereich des EDV-Bereichs
   a) Entspricht nicht den sicherheitstechnischen Mindestanforderungen an einen EDV-Bereich (-)
   b) Normal übliche Anschaffungskosten (3)
   c) Kaum Unterhaltungskosten (1)
   d) Erfüllt seinen Zweck nicht zuverlässig (1)
0,3: Die Klimaanlage ist im Gefahrenbereich des EDV-Bereichs, es gibt Redundanzen
   a) Entspricht nicht den sicherheitstechnischen Mindestanforderungen an einen EDV-Bereich (-)
   b) Erhöhte Anschaffungskosten (3)
   c) Kaum Unterhaltungskosten (1)
   d) Erfüllt seinen Zweck nicht zuverlässig (1)
0,4: Die Klimaanlage ist in einem eigenen Gefahrenbereich, es gibt keine Redundanzen
   a) Notwendig und Standard für einen EDV-Bereich geringerer Schutzwirkung (2)
   b) Normal übliche Anschaffungskosten (3)
   c) Kaum Unterhaltungskosten (1)
   d) Erfüllt seinen Zweck nicht zuverlässig genug (2)
0,5: Die Klimaanlage ist in einem eigenen Gefahrenbereich, es gibt in diesem Brandbereich Redundanzen
   a) Notwendig und Standard für einen besser gesicherten EDV-Bereich (2)
   b) Erhöhte Anschaffungskosten (3)
   c) Erhöhte Unterhaltungskosten (1)
   d) Erfüllt seinen Zweck relativ zuverlässig (3)
0,7: Die Klimaanlagen sind weitgehend redundant ausgelegt, aufgeteilt auf zwei oder mehr Brandbereiche
   a) Erfüllt erhöhte Anforderungen an einen EDV-Bereich (3)
   b) Erhöhte Anschaffungskosten (3)
   c) Höhere Unterhaltungskosten (1)
   d) Erfüllt seinen Zweck zuverlässig (3)

0,9: Die Klimaanlagen sind vollwertig redundant ausgelegt, in verschiedenen Gefahrenbereichen
   a) Erfüllt erhöhte Anforderungen an einen EDV-Bereich (4)
   b) Erhöhte Anschaffungskosten (4)
   c) Höhere Unterhaltungskosten (2)
   d) Erfüllt seinen Zweck äußerst zuverlässig (4)
1,0: Es wird keine Klimatisierung benötigt

Zu III: (Versorgungssicherheit der Klimaanlage): $x_{3.3}$ =
   0,1: Stromversorgung über Freileitung (Stichleitung)
      a) Entspricht nicht den Anforderungen an einen EDV-Bereich (-)
      b) Keine Anschaffungskosten (1)
      c) Keine Unterhaltungskosten (1)
      d) Erfüllt seinen Zweck nicht zuverlässig (1)
   0,2: Stromversorgung über Freileitung (Ringleitung)
      a) Entspricht nicht den Anforderungen an einen EDV-Bereich (-)
      b) Keine Anschaffungskosten (1)
      c) Keine Unterhaltungskosten (1)
      d) Erfüllt seinen Zweck nicht zuverlässig (1)
   0,3: Nur eine Erdleitung vorhanden (Stichleitung)
      a) Entspricht nicht den Anforderungen an einen EDV-Bereich (-)
      b) Keine Anschaffungskosten (1)
      c) Keine Unterhaltungskosten (1)
      d) Kann seinen Zweck nicht ausreichend zuverlässig erfüllen (1)
   0,4: Nur eine Erdleitung vorhanden (Ringleitung)
      a) Entspricht den Mindestanforderungen an einen EDV-Bereich (2)
      b) Keine Anschaffungskosten (1)
      c) Keine Unterhaltungskosten (1)
      d) Erfüllt seinen Zweck relativ zuverlässig (2)
   0,6: Es gibt zwei getrennt voneinander verlaufende Stromleitungen, die vom gleichen Transformator versorgt werden
      a) Erfüllt erhöhte Anforderungen an einen EDV-Bereich (3)
      b) Erhöhte Anschaffungskosten (3)
      c) Keine Unterhaltungskosten (1)
      d) Erfüllt seinen Zweck zuverlässig (3)

5.3 Maßnahmen gegen Fehlfunktionen der Klimatisierung

0,7: Es gibt zwei getrennt voneinander verlaufende Stromleitungen, die von zwei verschiedenen Transformatoren versorgt werden
  a) Erfüllt hohe Anforderungen an einen EDV-Bereich (4)
  b) Höhere Anschaffungskosten (3)
  c) Keine Unterhaltungskosten (1)
  d) Erfüllt seinen Zweck zuverlässig, wenn auch USV-Anlagen und Netzersatzanlagen vorhanden sind (3)

0,8: Es gibt zwei getrennt voneinander verlaufende Stromleitungen, die von zwei verschiedenen Transformatoren versorgt werden und zudem eine Netzersatzanlage, die auch die Klimaanlagen versorgt
  a) Erfüllt erhöhte Anforderungen an einen EDV-Bereich (4)
  b) Erhöhte Anschaffungskosten (3)
  c) Höhere Unterhaltungskosten (1)
  d) Erfüllt seinen Zweck zuverlässig, wenn auch USV-Anlage und Netzersatzanlage vorhanden sind (4)

1,0: Es wird keine Klimatisierung benötigt

Zu IV: (Detektionsmöglichkeit eines Ausfalls der Klimatisierung): $x_{3.4} =$

0,1: Keinerlei Überwachung der Klimawerte
  a) Entspricht nicht den Anforderungen an einen EDV-Bereich (-)
  b) Keine Anschaffungskosten (1)
  c) Keine Unterhaltungskosten (1)
  d) Erfüllt seinen Zweck nicht zuverlässig (1)

0,2: Überwachung nur durch die Klimaanlage, Meldung nur im Raum
  a) Entspricht nicht den Anforderungen an einen EDV-Bereich (-)
  b) Geringe Anschaffungskosten (im Preis der Klimaanlage enthalten) (1)
  c) Keine Unterhaltungskosten (1)
  d) Erfüllt seinen Zweck nicht zuverlässig genug (1)

0,3: Es finden Rundgänge im 4-Stunden-Rhythmus statt
  a) Entspricht nicht den Anforderungen an einen EDV-Bereich (-)
  b) Geringe Anschaffungskosten (1)
  c) Höhere Unterhaltungskosten (4)
  d) Erfüllt seinen Zweck nicht zuverlässig genug (1)

0,4: *Es finden Rundgänge im 2-Stunden-Rhythmus statt*
   a) *Entspricht noch nicht den erhöhten Anforderungen an einen höherwertig gesicherten EDV-Bereich (2)*
   b) *Geringe Anschaffungskosten (1)*
   c) *Hohe Unterhaltungskosten (4)*
   d) *Erfüllt seinen Zweck nicht zuverlässig genug (2)*

0,6: *Überwachung nur durch die Klimaanlage, Meldung zur ständig besetzten Wachzentrale*
   a) *Erfüllt erhöhte Anforderungen an einen EDV-Bereich (2)*
   b) *Relativ niedrige Anschaffungskosten (im Preis der Klimaanlage enthalten) (1)*
   c) *Keine Unterhaltungskosten (1)*
   d) *Erfüllt seinen Zweck relativ zuverlässig (2)*

0,7: *Temperatur- und Feuchtigkeitsmelder in allen Räumen, Meldung zur ständig besetzten Wachzentrale*
   a) *Erfüllt erhöhte Anforderungen an einen EDV-Bereich (3)*
   b) *Höhere Anschaffungskosten (2)*
   c) *Relativ niedrige Unterhaltungskosten (1)*
   d) *Erfüllt seinen Zweck zuverlässig (3)*

0,8: *Es gibt eine von der Klimaanlage unabhängige Klimaüberwachungsanlage mit Meldung zur ständig besetzten Wachzentrale*
   a) *Erfüllt hohe Anforderungen an einen EDV-Bereich (4)*
   b) *Höhere Anschaffungskosten (3)*
   c) *Relativ niedrige Unterhaltungskosten (1)*
   d) *Erfüllt seinen Zweck zuverlässig (4)*

0,9: *Es gibt eine von den Klimaanlagen unabhängige Klimaüberwachungsanlage mit automatischen Schaltungen und Meldung zur ständig besetzten Wachzentrale*
   a) *Erfüllt sehr hohe Anforderungen an einen EDV-Bereich (4)*
   b) *Hohe Anschaffungskosten (3)*
   c) *Höhere Unterhaltungskosten (1)*
   d) *Erfüllt seinen Zweck äußerst zuverlässig (4)*

1,0: *Es wird keine Klimatisierung benötigt*

Zu V: (Mögliche Störgrößen): $x_{3,5} =$
   0,1: *Feuchtigkeitsregelung, Kühlung und ggf. Heizung bestehen aus zwei/drei getrennten Anlagen, ohne gemeinsame Steuerung; Raumfenster sind zu öffnen*

5.3 Maßnahmen gegen Fehlfunktionen der Klimatisierung

    a) Entspricht nicht den sicherheitstechnischen Mindestanforderungen an einen EDV-Bereich (-)
    b) Geringe Anschaffungskosten (1)
    c) Höhere Unterhaltungskosten (ineffektiv) (2)
    d) Erfüllt seinen Zweck nicht zuverlässig (1)
0,3: Es gibt in den klimatisierten Räumen aktivierbare Heizkörper
    a) Entspricht nicht den Anforderungen an einen EDV-Bereich (-)
    b) Keine Anschaffungskosten (1)
    c) Keine Unterhaltungskosten (1)
    d) Erfüllt seinen Zweck nicht zuverlässig genug (1)
0,5: Es gibt Anlagen für Temperatur- und Feuchteregelung, die Fenster sind zu öffnen
    a) Entspricht nicht den Anforderungen an einen EDV-Bereich (-)
    b) Übliche Anschaffungskosten (3)
    c) Übliche Unterhaltungskosten (1)
    d) Erfüllt seinen Zweck nicht zuverlässig genug (2)
0,8: Es gibt eine Anlage (ohne Redundanzen) für Temperatur- und Feuchteregelung, die Fenster sind nicht zu öffnen
    a) Erfüllt die Anforderungen an einen EDV-Bereich mit geringer Schutzwirkung (3)
    b) Übliche Anschaffungskosten (2)
    c) Relativ niedrige Unterhaltungskosten (1)
    d) Erfüllt seinen Zweck zuverlässig (3)
0,9: Es gibt eine Anlage (auch aus mehreren, redundanten Komponenten bestehend) für Temperatur- und Feuchteregelung, die Fenster sind nicht zu öffnen
    a) Erfüllt hohe Anforderungen an einen EDV-Bereich (4)
    b) Höhere Anschaffungskosten (3)
    c) Relativ niedrige Unterhaltungskosten (1)
    d) Erfüllt seinen Zweck sehr zuverlässig (4)
1,0: Es wird keine Klimatisierung benötigt

Zu VI: (Die Klimaanlage betreffende sicherheitserhöhende Kriterien):
$x_{3.6} =$
0,1: 0 der nachfolgend aufgeführten Punkte treffen zu
0,2: 1 der nachfolgend aufgeführten Punkte trifft zu
0,3: 2 der nachfolgend aufgeführten Punkte treffen zu

0,4: 3 der nachfolgend aufgeführten Punkte treffen zu
0,5: 4 der nachfolgend aufgeführten Punkte treffen zu
0,6: 5 der nachfolgend aufgeführten Punkte treffen zu
0,7: 6 der nachfolgend aufgeführten Punkte treffen zu
0,8: 7 der nachfolgend aufgeführten Punkte treffen zu
0,9: 8 der nachfolgend aufgeführten Punkte treffen zu
1,0: Es wird keine Klimatisierung benötigt

1. *Es handelt sich bei den Klimageräten um qualitativ hochwertige Markengeräte*
   a) *Erfüllt hohe Anforderungen an einen EDV-Bereich (4)*
   b) *Höhere Anschaffungskosten (3)*
   c) *Keine zusätzlichen Unterhaltungskosten (1)*
   d) *Erfüllt seinen Zweck zuverlässig (4)*
2. *Die Klimaanlage ist nicht älter als 5 Jahre*
   a) *Erfüllt hohe Anforderungen an einen EDV-Bereich (4)*
   b) *Höhere Anschaffungskosten (3)*
   c) *Periodisch höhere zusätzliche Kosten (4)*
   d) *Erfüllt seinen Zweck zuverlässig (3)*
3. *Die Klimakanalklappen werden über Rauchmelder angesteuert*
   a) *Notwendig und Standard für einen EDV-Bereich (3)*
   b) *Normal übliche Anschaffungskosten (2)*
   c) *Kaum Unterhaltungskosten (1)*
   d) *Erfüllt seinen Zweck zuverlässig (4)*
4. *Es gibt redundante Rückkühlungen*
   a) *Erfüllt erhöhte Anforderungen an einen EDV-Bereich (4)*
   b) *Höhere Anschaffungskosten (3)*
   c) *Geringe Unterhaltungskosten (1)*
   d) *Erfüllt seinen Zweck zuverlässig (4)*
5. *Zwischen Klimaanlage und EDV-Bereich gibt es nur eine Wand und die hat die Qualität F90*
   a) *Notwendig und Standard für einen hochwertig geschützten EDV-Bereich (4)*
   b) *Geringe Anschaffungskosten (meist nur bei Neubau möglich) (1)*
   c) *Keine zusätzlichen Unterhaltungskosten (1)*
   d) *Erfüllt seinen Zweck zuverlässig, wenn auch Punkt 3 erfüllt ist (4)*

5.3 Maßnahmen gegen Fehlfunktionen der Klimatisierung

6. *Die Stromversorgung für die Klimaanlage ist durch eine Netzersatzanlage redundant*
   a) *Erfüllt erhöhte Anforderungen an einen EDV-Bereich (4)*
   b) *Kaum zusätzliche Kosten, wenn eine Netzersatzanlage vorhanden ist (1)*
   c) *Keine Unterhaltungskosten (1)*
   d) *Erfüllt seinen Zweck zuverlässig (4)*
7. *Der EDV-Bereich benötigt keinen Kaltwassersatz*
   a) *Wünschenswert für jeden EDV-Bereich (1)*
   b) *-*
   c) *-*
   d) *Die Gefährdung ist nicht vorhanden (4)*
8. *Es gibt einen 24stündigen Wartungsvertrag für die Klimaanlagen*
   a) *Notwendig für einen EDV-Bereich, erfüllt erhöhte Anforderungen (4)*
   b) *Erhöhte Anschaffungskosten (1)*
   c) *Höhere Unterhaltungskosten im Bedarfsfall (3)*
   d) *Erfüllt seinen Zweck zuverlässig (4)*

Zu VII: (Zuverlässigkeit der richtigen Klimatisierung): $x_{3.7} =$
0,1: < 2 der nachfolgend aufgeführten Punkte treffen zu
0,2: 2 der nachfolgend aufgeführten Punkte treffen zu
0,3: 3 der nachfolgend aufgeführten Punkte treffen zu
0,4: 4 der nachfolgend aufgeführten Punkte treffen zu
0,5: 5 der nachfolgend aufgeführten Punkte treffen zu
0,6: 6 der nachfolgend aufgeführten Punkte treffen zu
0,7: 7 der nachfolgend aufgeführten Punkte treffen zu
0,8: 8 der nachfolgend aufgeführten Punkte treffen zu
0,9: 9 der nachfolgend aufgeführten Punkte treffen zu
1,0: Es wird keine Klimatisierung benötigt

1. *Der Doppelboden und (so vorhanden) die abgehängte Decke sind mindestens je 25 cm tief*
   a) *Notwendig und Standard für einen EDV-Bereich (2)*
   b) *Normal übliche Anschaffungskosten (nachrüstend kaum realisierbar) (1)*
   c) *Keine Unterhaltungskosten (1)*
   d) *Erfüllt seinen Zweck relativ zuverlässig (3)*

2. Die Klimatisierung läuft permanent
   a) Erfüllt erhöhte Anforderungen an einen EDV-Bereich (3)
   b) Keine zusätzlichen Anschaffungskosten (1)
   c) Höhere Unterhaltungskosten (Stromkosten) (3)
   d) Erfüllt seinen Zweck zuverlässig, wenn es eine Klimaanlagen-Überwachungsanlage gibt (3)
3. Redundante Klimageräte werden automatisch und regelmäßig umgeschaltet
   a) Notwendig für einen EDV-Bereich (3)
   b) Geringfügig höhere Anschaffungskosten (1)
   c) Keine Unterhaltungskosten (1)
   d) Erfüllt seinen Zweck relativ zuverlässig (3)
4. Die vorgegebenen Klimawerte können nicht von jedermann verändert werden
   a) Notwendig und Standard für einen EDV-Bereich (3)
   b) Normal übliche Anschaffungskosten (1)
   c) Keine Unterhaltungskosten (1)
   d) Erfüllt seinen Zweck zuverlässig (3)
5. Beim Über- oder Unterschreiten der Klimawerte schalten sich die Klimatisierung und zeitverzögert auch die EDV-Anlagen selbständig ab
   a) Erfüllt erhöhte Anforderungen an einen EDV-Bereich (4)
   b) Höhere Anschaffungskosten (2)
   c) Relativ geringe Unterhaltungskosten (1)
   d) Erfüllt seinen Zweck zuverlässig (4)
6. Zur Klimawertkontrolle gibt es Thermohygrographen
   a) Standard für einen EDV-Bereich (3)
   b) Relativ geringe Anschaffungskosten (2)
   c) Kaum Unterhaltungskosten (1)
   d) Erfüllt seinen Zweck relativ zuverlässig (3)
7. Meßfühler sind nicht verstellbar/zustellbar
   a) Notwendig für einen EDV-Bereich (3)
   b) Keine zusätzlichen Anschaffungskosten (1)
   c) Keine weiteren Unterhaltungskosten (1)
   d) Erfüllt seinen Zweck zuverlässig (3)
8. Die Wartung beinhaltet auch eine Neujustierung der Meßfühler
   a) Standard für einen EDV-Bereich (2)
   b) Keine Anschaffungskosten (1)

5.3 Maßnahmen gegen Fehlfunktionen der Klimatisierung

    c) Kaum Unterhaltungskosten (1)
    d) Erfüllt seinen Zweck zuverlässig (3)
9. Die Klimaluft-Austrittsöffnungen können aufgrund Kontrollen, Anordnungen oder technisch/baulichen Maßnahmen nicht verstellt werden
    a) Notwendig und Standard für einen EDV-Bereich (2)
    b) Keine Anschaffungskosten (1)
    c) Keine/kaum Unterhaltungskosten (1)
    d) Erfüllt seinen Zweck zuverlässig (3)

Zu VIII: (Sicherheitserhöhende Kriterien des Umfelds): $x_{3.8} =$
0,1: < 2 der nachfolgend aufgeführten Punkte treffen zu
0,2: 2 der nachfolgend aufgeführten Punkte treffen zu
0,3: 3 der nachfolgend aufgeführten Punkte treffen zu
0,4: 4 der nachfolgend aufgeführten Punkte treffen zu
0,5: 5 der nachfolgend aufgeführten Punkte treffen zu
0,6: 6 der nachfolgend aufgeführten Punkte treffen zu
0,7: 7 der nachfolgend aufgeführten Punkte treffen zu
0,8: 8 der nachfolgend aufgeführten Punkte treffen zu
0,9: 9 der nachfolgend aufgeführten Punkte treffen zu
1,0: Es wird keine Klimatisierung benötigt

1. *Der Doppelboden ist von allen unnötigen Brandlasten befreit*
    a) Notwendig für einen EDV-Bereich (3)
    b) Keine Anschaffungskosten (1)
    c) Permanente, aber relativ niedrige Unterhaltungskosten (1)
    d) Erfüllt seinen Zweck zuverlässig (3)
2. *Die vorhandene Klimaanlage ist nur für den EDV-Bereich zuständig*
    a) Standard für einen EDV-Bereich (3)
    b) Normal übliche Anschaffungskosten (3)
    c) Kaum zusätzliche Unterhaltungskosten (1)
    d) Erfüllt seinen Zweck zuverlässig (3)
3. *Alle eventuell noch vorhandenen Kühl- oder Heizsysteme sind inaktiviert*
    a) Notwendig und Standard für einen EDV-Bereich (3)
    b) Sehr geringe Anschaffungskosten (1)
    c) Keine Unterhaltungskosten (1)
    d) Erfüllt seinen Zweck zuverlässig (3)

4. Die Redundanz beinhaltet Lüftungs- und Kälteteil (Rückkühleinheit)
   a) Erfüllt erhöhte Anforderungen an einen EDV-Bereich (4)
   b) Erhöhte Anschaffungskosten (3)
   c) Leicht erhöhte Unterhaltungskosten (2)
   d) Erfüllt seinen Zweck zuverlässig (4)
5. Abweichungen > 5 °C/30 min. werden automatisch unterbunden
   a) Standard für einen EDV-Bereich (3)
   b) Keine zur Klimaanlage zusätzlichen Anschaffungskosten (1)
   c) Keine Unterhaltungskosten (1)
   d) Erfüllt seinen Zweck zuverlässig (3)
6. Papierlager und Datensicherungsraum sind ebenfalls klimatisiert
   a) Notwendig und Standard für einen EDV-Bereich (3)
   b) Erhöhte Anschaffungskosten (3)
   c) Höhere Unterhaltungskosten (2)
   d) Erfüllt seinen Zweck zuverlässig (3)
7. Der Frischluftanteil der Klimaanlagen liegt bei max. 5 %
   a) Notwendig und Standard für einen EDV-Bereich (2)
   b) Keine zusätzlichen Anschaffungskosten (1)
   c) Keine Unterhaltungskosten (1)
   d) Erfüllt seinen Zweck zuverlässig (2)
8. Alle Aggregate des Klimasystems sind gegen die Gefahren Sabotage, Feuer, Rauch, Erschütterungen, Staub und Wasser geschützt
   a) Erfüllt erhöhte Anforderungen an einen EDV-Bereich (4)
   b) Hohe Anschaffungskosten (4)
   c) Höhere Unterhaltungskosten (2)
   d) Erfüllt seinen Zweck sehr zuverlässig (4)
9. Die Klimakanäle haben kurze Wege, durch gesicherte Räume
   a) Notwendig und Standard für einen EDV-Bereich (3)
   b) Relativ geringe Anschaffungskosten (1)
   c) Keine Unterhaltungskosten (1)
   d) Erfüllt seinen Zweck zuverlässig (3)

Aus diesen acht Beurteilungskriterien berechnet sich die Gesamtnote X_3:

$$X_3 = (x_{3.1} \cdot x_{3.2} \cdot x_{3.3} \cdot \ldots \cdot x_{3.6} \cdot x_{3.7} \cdot x_{3.8})^{1/8}$$

$0{,}119 \leq X_3 \leq 0{,}874$ (bzw. 1,0, wenn keine Klimatisierung benötigt wird)

5.4
Maßnahmen gegen Beschädigungen durch Wasser
bzw. fehlerhafte Versorgung

Da manche EDV-Geräte Wasser zur Kühlung direkt (wassergekühlte CPU) oder indirekt (Klimatisierung) benötigen, ist die permanente Wasserversorgung für die Anlagenverfügbarkeit bedeutend. Die Wasserversorgung sollte deshalb redundant, z. B. auch nach dem Prinzip „n + 1" ausgelegt sein, d. h. bei Ausfall einer Wasserleitung aus beliebiger Ursache sollte eine zweite Leitung, eine Quelle bzw. ein Brunnen oder auch ein endlicher Wasserbehälter (z. B. bevorratetes Sprinklerwasser oder Schwimmbad) zur Verfügung stehen. Konkurse für Unternehmen durch Wasserschäden sind im Bereich des möglichen und bereits mehrfach vorgekommen.

Wasser kann durch folgende Gründe in die Räume des EDV-Bereichs und damit in elektrische, elektronische und elektrotechnische Geräte gelangen:

- Sprinkleranlagen-Auslösung
- Löschwasser der Feuerwehr
- Rohrleitungsbruch (Brauch- und Abwasser)
- Undichtigkeiten in Kühlschläuchen und der Wasserversorgung zur EDV-Geräte- oder Klimagerätekühlung
- Sprinklerleckage bzw. unerwünschte Auslösung der Sprinkleranlage
- Hochwasser
- Überschwemmung
- Undichtes Dach (Regen, Schneeschmelze)
- Rückstau in den Abwasserleitungen
- Ein Brand in Räumen um den EDV-Bereich und das Austreiben der Restfeuchte in den Wänden oder Böden/Decken (ca. 2 %) erhöht die relative Luftfeuchtigkeit im EDV-Bereich auf 100 %

Darüber hinaus bewirkt eine Unterbrechung der Wasserversorgung ggf. eine sofortige oder zeitverzögerte Unterbrechung der EDV-Anlagen.

Da Wasser sich nie zu 100 % vermeiden läßt und die verzögerungsfreie Entdeckung, gerade in einem Doppelboden, nicht garantiert ist, empfehlen sich Wasser-Warnanlagen, die aus einem punktförmigen Melder (optisch ähnlich einem Brandmelder) an einer tiefen Stelle im Boden, oder aus einem Bandmelder, bestehen können.

Bei Neu- und Umbaumaßnahmen lassen sich Frisch-, Brauch- und Regenwasserleitungen in der EDV-Umgebung sowie gesprinklerte Bereiche oberhalb davon weitgehend vermeiden, mit vertretbarem Aufwand lassen sich diese Maßnahmen jedoch nicht mehr ausreichend effektiv bei bestehenden Gebäuden nachrüsten. Da die Räume im EDV-Bereich üblicherweise klimatisiert werden, sind dort auch Heizungsleitungen nicht nötig (d. h. die Gefährdung durch das Wasser der Heizkörper entfällt).

Die folgenden Faktoren tragen zur Gesamtbeurteilung der Gefahr durch Wasser bei:

I. Gefährdungen aus dem Gebäude ($x_{4.1}$)
II. Gefährdungen aus der näheren oder weiteren Umgebung ($x_{4.2}$)
III. Gegenmaßnahmen gegen die Gefährdung Wasser ($x_{4.3}$)

Zu I: (Gefährdungen aus dem Gebäude): $x_{4.1} =$
0,2: < 2 der nachfolgend aufgeführten Punkte treffen zu
0,3: 2 der nachfolgend aufgeführten Punkte treffen zu
0,4: 3 der nachfolgend aufgeführten Punkte treffen zu
0,5: 4 der nachfolgend aufgeführten Punkte treffen zu
0,6: 5 der nachfolgend aufgeführten Punkte treffen zu
0,7: 6 der nachfolgend aufgeführten Punkte treffen zu
0,8: 7 der nachfolgend aufgeführten Punkte treffen zu
0,9: 8 der nachfolgend aufgeführten Punkte treffen zu

1. Vom EDV-Bereich sind alle Decken wasserdicht ausgelegt
   a) *Erfüllt hohe Anforderungen an einen EDV-Bereich (4)*
   b) *Hohe zusätzliche Anschaffungskosten (nicht nachrüstend realisierbar) (4)*
   c) *Keine Unterhaltungskosten (1)*
   d) *Erfüllt seinen Zweck sehr zuverlässig (4)*
2. Keine Sprinkleranlage im Gebäude vorhanden, oder durch bauliche und technische Maßnahmen wird garantiert, daß Sprinklerwasser nicht zu Schäden oder zu einer Betriebsunterbrechung im EDV-Bereich führen kann
   a) *Wünschenswert für einen EDV-Bereich (1)*
   b) *–*
   c) *–*
   d) *Die Gefahr Sprinklerwasserschaden (Leckage) ist eliminiert (2)*

3. Keine Leitungen (Gas, Dampf, Heizungsrohre, Sprinklerrohre, Frisch-, Brauch-, Regenleitungen oder Rohrpost) in der Nähe des EDV-Bereichs oder darüber
    a) Erfüllt erhöhte Anforderungen an einen EDV-Bereich (4)
    b) Erhöhte Planungskosten (nachrüstend nicht realisierbar) (4)
    c) Keine Unterhaltungskosten (1)
    d) Erfüllt seinen Zweck zuverlässig (4)
4. Kein Flachdach vorhanden, sondern ein Sattel- oder Walmdach, oder das Flachdach ist mehrere Etagen über dem EDV-Bereich
    a) Standard für einen EDV-Bereich (3)
    b) Keine zusätzlichen Anschaffungskosten, nachrüstend nicht realisierbar (1)
    c) Keine Unterhaltungskosten (1)
    d) Erfüllt seinen Zweck zuverlässig (3)
5. Keine Warmwasserheizung vorhanden
    a) Standard im EDV-Bereich (4)
    b) Keine zusätzlichen Anschaffungskosten, nachrüstend nicht realisierbar (1)
    c) Keine Unterhaltungskosten (1)
    d) Erfüllt seinen Zweck zuverlässig (3)
6. Der EDV-Bereich liegt nicht unter Naßräumen (Labor, Schwimmbad, Toiletten, Duschen usw.)
    a) Standard für einen EDV-Bereich (2)
    b) Keine zusätzlichen Anschaffungskosten (1), nachrüstend kaum oder nur mit hohen Kosten realisierbar (4)
    c) Keine Unterhaltungskosten (1)
    d) Erfüllt seinen Zweck zuverlässig (3)
7. Wasserschwellen in den Eingangsbereichen vorhanden
    a) Erfüllt erhöhte Anforderungen an einen EDV-Bereich (3)
    b) Kaum Anschaffungskosten (1)
    c) Keine Unterhaltungskosten (1)
    d) Erfüllt seinen Zweck zuverlässig (3)
8. Alle Mauern (Böden, Decken und alle Wände um den EDV-Bereich) sind nach F 180 ausgelegt oder verhindern auf andere Weise, daß Restfeuchte von den Mauern in den EDV-Bereich durch einen Brand ausgetrieben werden kann
    a) Erfüllt sehr hohe Anforderungen an einen EDV-Bereich (4)
    b) Hohe Anschaffungskosten (4)

c) *Keine Unterhaltungskosten (1)*
d) *Erfüllt seinen Zweck sehr zuverlässig (4)*

Zu II: (Gefährdungen aus der Umgebung): $x_{4.2} =$
0,3: Keiner der nachfolgend aufgeführten Punkte trifft zu
0,5: 1 der nachfolgend aufgeführten Punkte trifft zu
0,6: 2 der nachfolgend aufgeführten Punkte treffen zu
0,7: 3 der nachfolgend aufgeführten Punkte treffen zu
0,8: 4 der nachfolgend aufgeführten Punkte treffen zu
0,9: 5 der nachfolgend aufgeführten Punkte treffen zu

1. *Kein überschwemmungsgefährdetes Gebiet (Staudamm, Schneeschmelze, Hanglage, Grundwasser)*
   a) *Standard für einen EDV-Bereich (2)*
   b) *Keine zusätzlichen Anschaffungskosten (Standortwahl) (1)*
   c) *Keine Unterhaltungskosten (1)*
   d) *Erfüllt seinen Zweck zuverlässig (3)*
2. *Kein Gewässer (Fluß, See usw.) in der Nähe und auch nicht im Überschwemmungs-Gefahrenbereich eines Gewässers*
   a) *Standard für einen EDV-Bereich (2)*
   b) *Keine zusätzlichen Anschaffungskosten (Standortwahl) (1)*
   c) *Keine Unterhaltungskosten (1)*
   d) *Erfüllt seinen Zweck zuverlässig (3)*
3. *Klimaanlagen in eigenen Räumen bzw. keine Klimatisierung nötig*
   a) *Standard für einen EDV-Bereich bzw. wünschenswert (3)*
   b) *Erhöhte Anschaffungskosten (3)*
   c) *Keine zusätzlichen Unterhaltungskosten (1)*
   d) *Erfüllt seinen Zweck zuverlässig (3)*
4. *Der EDV-Bereich liegt nicht unter Erdgleiche*
   a) *Standard für einen EDV-Bereich (2)*
   b) *Keine zusätzlichen Anschaffungskosten (Planungssache) (1)*
   c) *Keine zusätzlichen Unterhaltungskosten (1)*
   d) *Erfüllt seinen Zweck zuverlässig (3)*
5. *Keine Gefährdung durch Unternehmen in der Nachbarschaft*
   a) *Standard für einen EDV-Bereich (2)*
   b) *Keine zusätzlichen Anschaffungskosten (Standortwahl) (1)*
   c) *Keine Unterhaltungskosten (1)*
   d) *Erfüllt seinen Zweck zuverlässig (3)*

5.4 Maßnahmen gegen Beschädigungen durch Wasser

Zu III: (Gegenmaßnahmen gegen die Gefährdung Wasser): $x_{4.3} =$
0,1: 0 der nachfolgend aufgeführten Punkte treffen zu
0,2: 1 der nachfolgend aufgeführten Punkte trifft zu
0,3: 2 der nachfolgend aufgeführten Punkte treffen zu
0,4: 3–4 der nachfolgend aufgeführten Punkte treffen zu
0,5: 5 der nachfolgend aufgeführten Punkte treffen zu
0,6: 6–7 der nachfolgend aufgeführten Punkte treffen zu
0,7: 8 der nachfolgend aufgeführten Punkte treffen zu
0,8: 9–10 der nachfolgend aufgeführten Punkte treffen zu
0,9: 11 der nachfolgend aufgeführten Punkte treffen zu

1. *Alle Wasserleitungen sind zusätzlich aus einem nicht brennbaren, zumindest jedoch halogenfreien Material umhüllt (doppelt ummantelt)*
   a) Erfüllt hohe Anforderungen an einen EDV-Bereich (4)
   b) Erhöhte Anschaffungskosten, jedoch nachrüstend kaum realisierbar (3)
   c) Keine Unterhaltungskosten (1)
   d) Erfüllt seinen Zweck zuverlässig (4)
2. *Alle sensiblen Geräte stehen auf mindestens 15 cm hohen Stahlstützen oder feuerhemmend geschützten Alustützen*
   a) Erfüllt erhöhte Anforderungen an einen EDV-Bereich (3)
   b) Kaum zusätzliche Anschaffungskosten, nachrüstend nur aufwendig realisierbar (2)
   c) Keine Unterhaltungskosten (1)
   d) Erfüllt seinen Zweck zuverlässig (4)
3. *Es werden Wasserpumpen vorgehalten*
   a) Erfüllt erhöhte Anforderungen an einen EDV-Bereich (3)
   b) Relativ geringe Anschaffungskosten (1)
   c) Kaum Unterhaltungskosten (1)
   d) Erfüllt seinen Zweck zuverlässig (4)
4. *Das Löschmittel Kohlendioxid steht in größeren Mengen bereit, um einen Wassereinsatz der Berufsfeuerwehr zu vermeiden*
   a) Standard für einen höherwertig geschützten EDV-Bereich (3)
   b) Leicht erhöhte Anschaffungskosten (3)
   c) Keine Unterhaltungskosten (1)
   d) Erfüllt seinen Zweck zuverlässig (4)

5. Es sind Wassermelder vorhanden (Meldung an ständig besetzte Stelle)
   a) Standard für einen höherwertig geschützten EDV-Bereich (3)
   b) Relativ geringe Anschaffungskosten (2)
   c) Keine Unterhaltungskosten (1)
   d) Erfüllt seinen Zweck zuverlässig (4)
6. Es erfolgt eine automatische Alarmierung an eine ständig besetzte Stelle und automatische Abschaltung der Wasserzufuhr bei Wasserrohrbruch
   a) Standard für einen höherwertig gesicherten EDV-Bereich (4)
   b) Relativ geringe Anschaffungskosten (2)
   c) Keine Unterhaltungskosten (1)
   d) Erfüllt seinen Zweck zuverlässig (4)
7. Auf dem Boden bzw. im Doppelboden befinden sich keine kurzschlußträchtigen Verbindungen (Aufständerung)
   a) Standard für einen EDV-Bereich (3)
   b) Kaum Anschaffungskosten (1)
   c) Keine Unterhaltungskosten (1)
   d) Erfüllt seinen Zweck zuverlässig (3)
8. Es sind geeignete (d. h. reißfeste und halogenfreie) und ausreichend viele Abdeckplanen vorhanden und die Mitarbeiter/der Werkschutz sind darüber informiert
   a) Standard für einen gut gesicherten EDV-Bereich (2)
   b) Geringe Anschaffungskosten (1)
   c) Keine Unterhaltungskosten (1)
   d) Erfüllt seinen Zweck nur dann zuverlässig, wenn alle Mitarbeiter (auch der Werkschutz) informiert sind (3)
9. Alle vorhandenen Leitungen sind auch manuell absperrbar
   a) Standard für einen EDV-Bereich (2)
   b) Keine zusätzlichen Anschaffungskosten (1)
   c) Keine Unterhaltungskosten (1)
   d) Erfüllt seinen Zweck zuverlässig (2)
10. Es gibt Wassersammelstellen im Boden
    a) Standard für einen gut gesicherten EDV-Bereich (3)
    b) Geringe zusätzliche Anschaffungskosten im Planungsstadium; kaum nachzurüsten (2)
    c) Keine Unterhaltungskosten (1)
    d) Erfüllt seinen Zweck zuverlässig (3)

5.5 Maßnahmen zur Aufrechterhaltung der Stromversorgung

11. Es gibt rücklaufgesicherte Wasserablaufmöglichkeiten im Boden
   a) Standard für einen gut gesicherten EDV-Bereich (3)
   b) Geringe zusätzliche Anschaffungskosten im Planungsstadium; kaum nachzurüsten (2)
   c) Keine Unterhaltungskosten (1)
   d) Erfüllt seinen Zweck zuverlässig (4)

Aus diesen drei Beurteilungskriterien berechnet sich die Gesamtnote X_4:

$$X_4 = (x_{4.1} \cdot x_{4.2} \cdot x_{4.3})^{1/3}$$

$$0{,}182 \leq X_4 \leq 0{,}9$$

5.5
Maßnahmen zur Aufrechterhaltung der gleichbleibenden Stromversorgung

Die EDV-Geräte sollen über eine eigene Stromhauptleitung versorgt sein, um Überspannungen und Netzunreinheiten durch andere Verbraucher zu minimieren. Bereits geringe Stromschwankungen (siehe Abb. 73) können zur Unterbrechung von EDV-Geräten führen. Um die Stromversorgung bei Leitungsbeschädigung trotzdem aufrecht zu halten, soll es auch hier Redundanzen geben, mindestens nach dem Prinzip „n + 1". Darüber

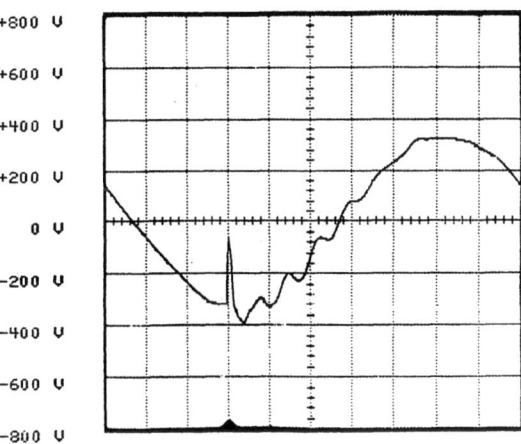

Abb. 73 Spannungsschwankungen können zu Hard- und Softwarebeschädigungen führen

Abb. 74 Batterien überbrücken die Zeit zwischen dem abrupten Stromausfall und dem Ansprechen der Notstromaggregate

hinaus dienen Spannungsgleichrichter und aktive USV-Anlagen dazu, aus anderen Gründen auftretende Spannungsschwankungen zu kompensieren. Aktive USV-Anlagen (siehe die Batterien in der Abb. 74) sind passiven aus sicherheitstechnischen Gründen überlegen, da sie nicht nur bei Stromunterbrechung, sondern auch bei Peaks und Überspannungen die nachgeschalteten Geräte schützen. Wenn die Kapazität der aktiven USV-Anlage erschöpft ist, so muß entweder das öffenliche Netz wieder einsatzbereit sein, oder eine Netzersatzanlage bereitstehen (siehe Abb. 75). Die Abb. 76 zeigt das technische Prinzip, nach dem das Gesamtkonzept des Blitz- und Überspannungsschutzes aufgebaut ist. Dabei benötigt das Blitzschutzkonzept für die Elektronik einen sog. Staffelschutz, denn einzelne Komponenten können Gebäude und eventuell auch Elektrik schützen, nicht aber die empfindliche Elektronik (siehe Abb. 77).

Nach der Untersuchung einer Versicherung werden über 10 % aller Brandschäden durch Blitzschlag verursacht, bis zu 1 Mrd. DM Schäden in Deutschland pro Jahr. Die Entwicklung der Blitz- und Überspannungsschäden ist in 5 Jahren von 8 % der Gesamtschäden an elektronischen Geräten auf ca. 30 % angestiegen. Alle 30 s treten Überspannungen von ca. 400 V auf, alle 60 s von ca. 700 V und alle 300 s von ca.

5.5 Maßnahmen zur Aufrechterhaltung der Stromversorgung

Abb. 75 Dieselaggregat als Notstromgerät

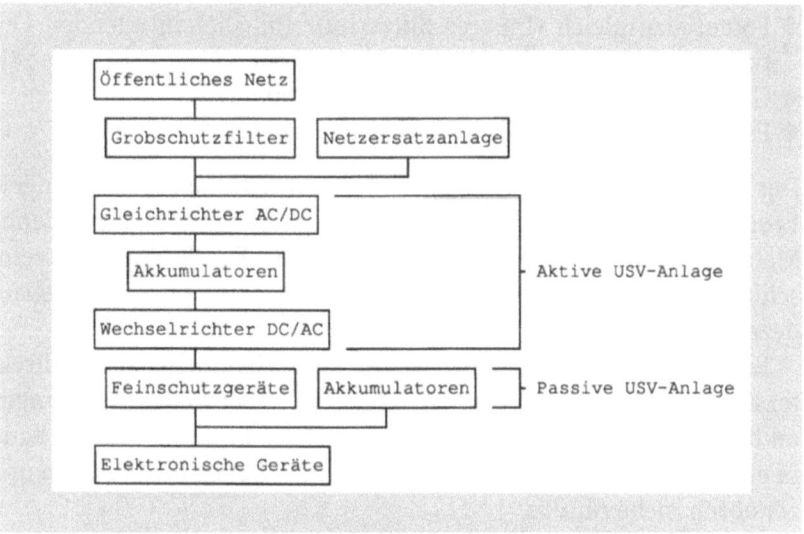

Abb. 76 Prinzipskizze des Überspannungsschutzes für elektronische Anlagen

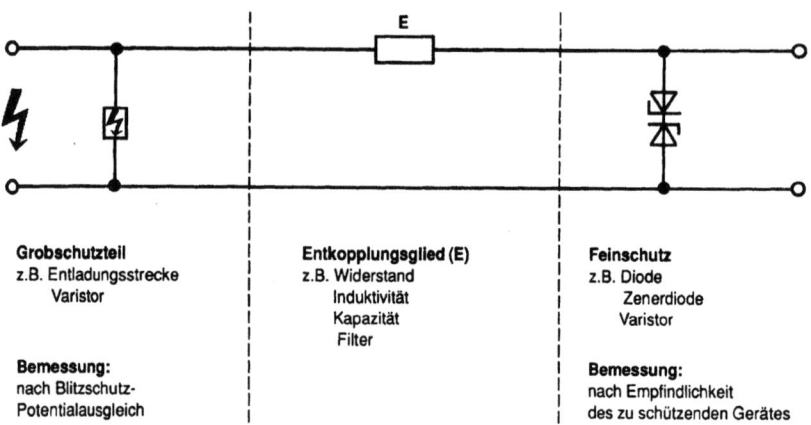

Abb. 77 Nur ein Staffelschutz kann sicheren Geräteschutz garantieren [Dehn GmbH]

1.000 V. Das bedeutet, daß Grob-, vor allem aber Feinschutzelemente von entscheidender Bedeutung für die Lebensdauer elektronischer Bauelemente sind. Energieschwache Störungen können elektronische Bauteile in ca. 2 Jahren nach und nach zerstören. 60–70 % aller Bauteilausfälle entstehen aufgrund von Überspannungen.

Ein effektives Schutzkonzept gegen Blitzschläge (direkte und indirekte) bietet nur der abgestimmte Schutz von:

◆ Blitzschutzanlagen (Äußerer Blitzschutz, d. h. Gebäudeschutz)
◆ Potentialausgleich (Innerer Blitzschutz für alle eintretenden Leitungen wie Wasser, Gas, Wärme, Strom, Daten usw., siehe Abb. 78)
◆ Grobschutz (Innerer Blitzschutz, siehe Abb. 79)
◆ Feinschutz (Innerer Blitzschutz, siehe Abb. 80)

Der äußere Blitzschutz besteht aus Fangeinrichtungen, Ableitungen, Erdungsanlagen und deren Verbindung aus den bauseits vorhandenen Metallteilen, siehe das Schema in der Abb. 81. Bei direktem Blitzeinschlag verhindert der äußere Blitzschutz Brand und physische Gebäudezerstörung.

Ein indirekter Blitzeinschlag ist viel wahrscheinlicher als ein direkter Blitzeinschlag. Durch beide Arten kann es aber zu Beschädigungen an den elektronischen Geräten kommen. Der Blitzeinschlagort kann in einem Radius von 500 m bis 1.500 m EDV-Geräte beschädigen und zerstören, siehe Abb. 82.

Um einen effektiven Gebäudeblitzschutz zu realisieren, werden metallene Betonbewehrungen käfigartig zusammengeschlossen, um

5.5 Maßnahmen zur Aufrechterhaltung der Stromversorgung 153

Abb. 78 Potentialausgleichsschiene

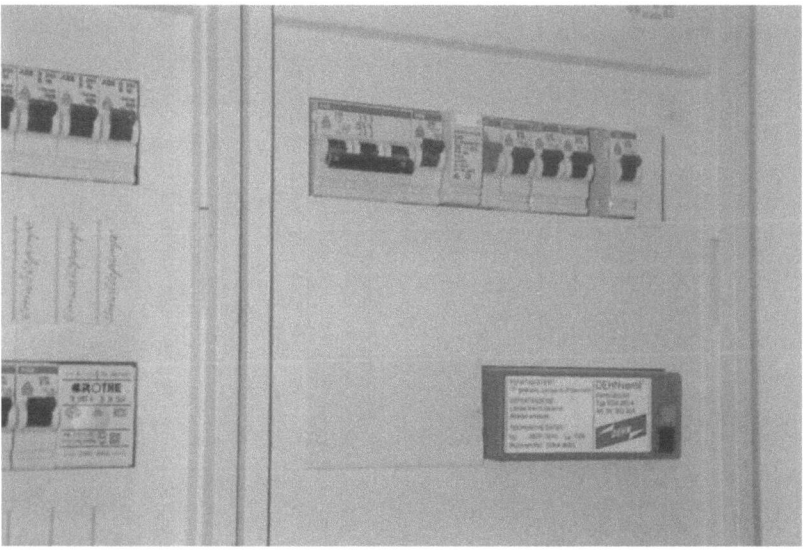

Abb. 79 Haus- und Sicherungskasten mit Grobschutz und FI-Schutz

Abb. 80 Überspannungsschutz, seriell einschraubbar, für Koaxialkabel [Dehn GmbH]

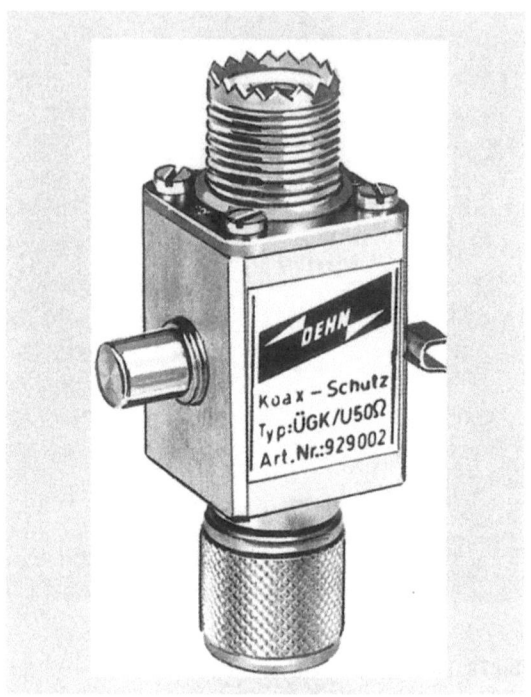

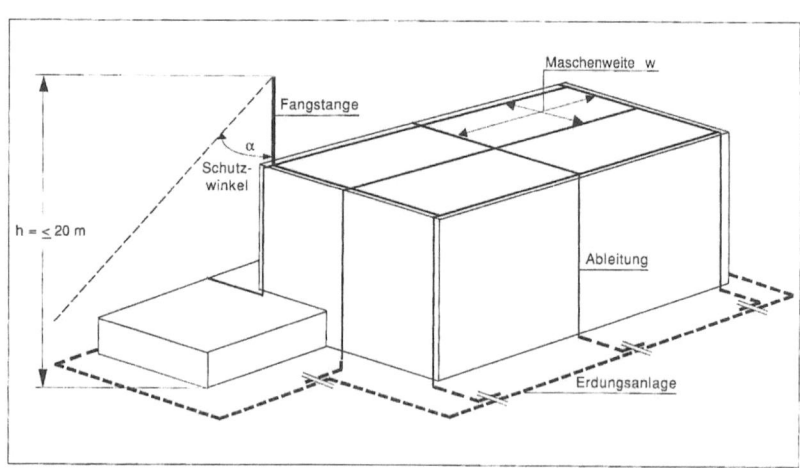

Abb. 81 Die Höhe der Blitzfangstangen, deren Winkel α und die Maschenweite w bestimmen die Schutzqualität gegen direkten Blitzschlag [Dehn GmbH]

5.5 Maßnahmen zur Aufrechterhaltung der Stromversorgung

Abb. 82 Elektronische Anlagen sind im Radius von 1,5 km um den Blitzeinschlagort gefährdet (Dehn GmbH)

einen Faradayschen Käfig zu erzeugen. Dies ist eine Maßnahme, die bei Neubauten einfach, schnell, sicher und preiswert durchgeführt werden kann, aber als nachrüstende Maßnahme kompliziert, aufwendig, nicht sicher und sehr teuer wird (siehe Abb. 83).

Moderne elektronische Systeme benötigen um den Faktor 10^6 geringere Schaltleistungen als konventionelle elektrische Systeme, d. h., daß auch viel kleinere Störenergien derartige Bauelemente beeinflussen können. Damit wird die Empfindlichkeit von elektronischen Bauteilen zu elektromechanischen Systemen gegen Überspannungen, Schwankungen oder Störströmen verständlich.

Jede zeitliche Änderung des magnetischen Flusses induziert eine elektrische Spannung; in einem geschlossenen Stromkreis fließt dann ein Induktionsstrom. Ein solches geschlossenes System kann z. B. durch metallene Gebäudeteile entstehen. Dies ist bei der Gebäudenutzung (Raumaufteilungen) zu berücksichtigen, um Induktionsströme nicht zu ermöglichen.

Ein Blitzschutz-Zonenkonzept (siehe Abb. 84) trägt dazu bei, jeden Raum bzw. jeden Bereich so zu schützen, wie es notwendig ist. Dabei darf es natürlich keinerlei Schwachstellen geben so wie beispielswei-

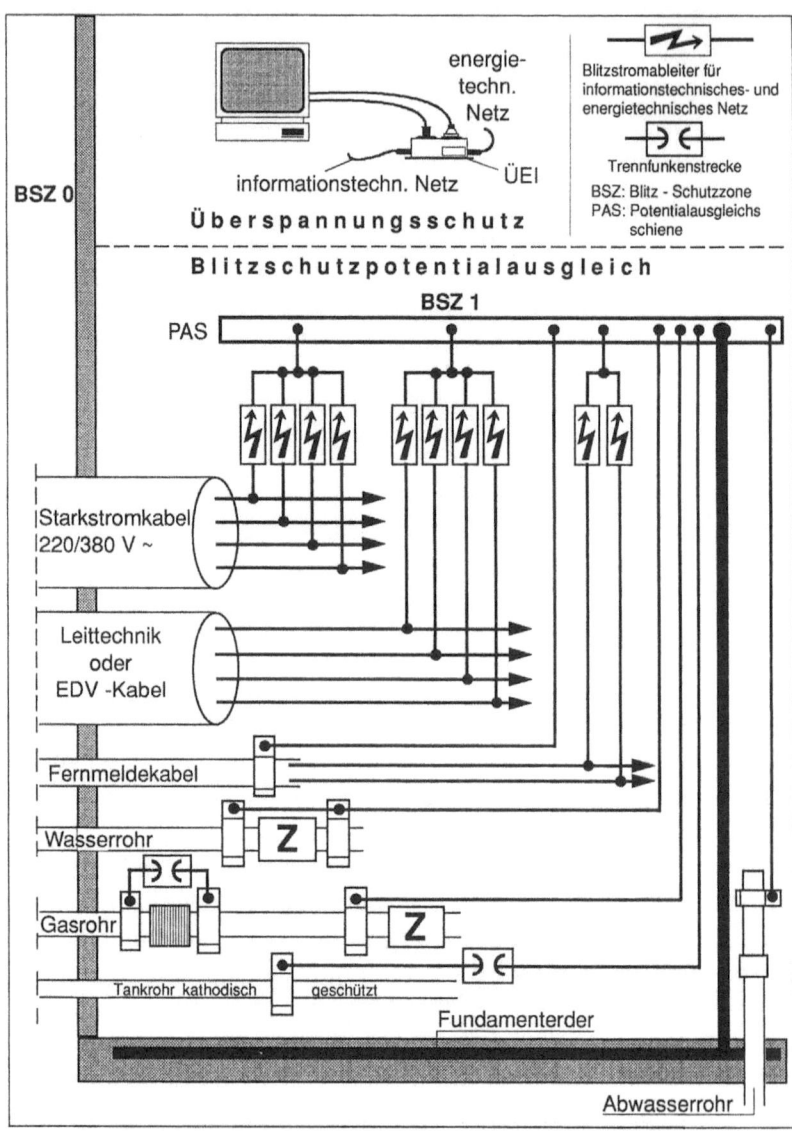

Abb. 83 Blitzschutz-Potentialausgleich für eingeführte Leitungen [Dehn GmbH]

5.5 Maßnahmen zur Aufrechterhaltung der Stromversorgung

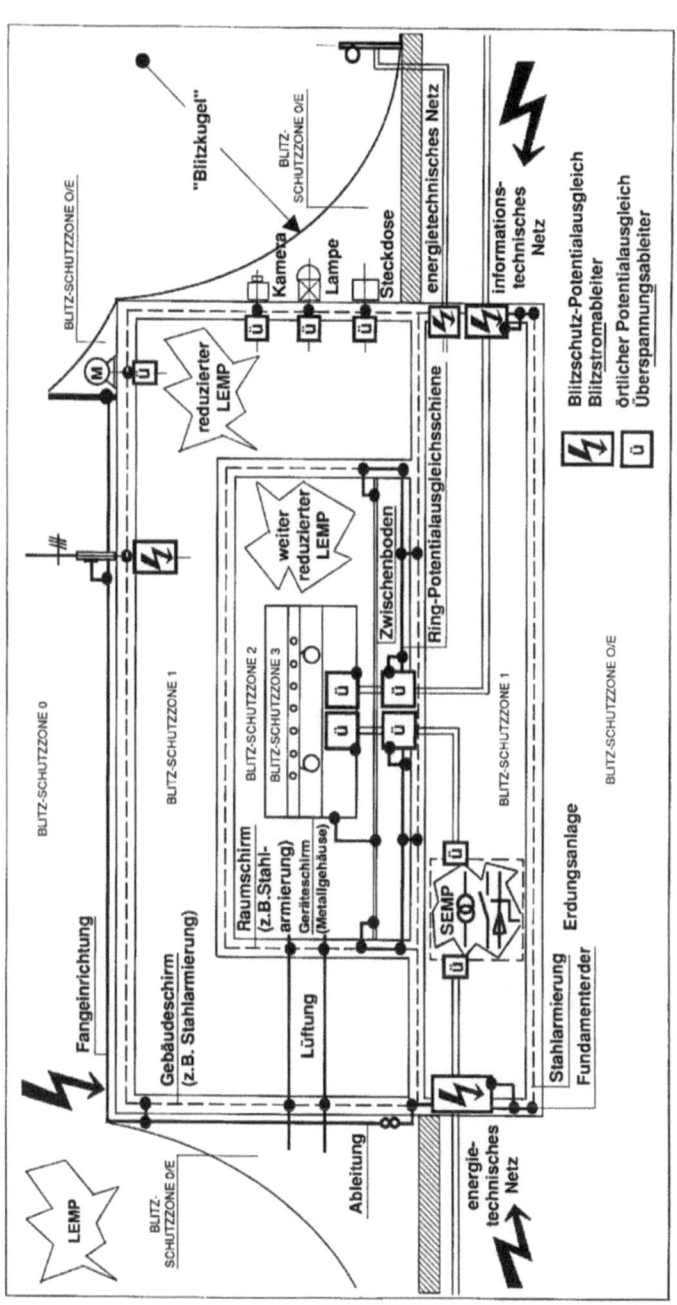

Abb. 84 Blitz-Schutzzonensystem [Dehn GmbH]

Abb. 85 Im Freien ungeschützt verlaufende Strom- und Datenleitungen

se im Freien verlaufende Leitungen (siehe Abb. 85, Gefahr der Sabotage und des Blitzschlags).

Die folgenden Faktoren tragen zur Gesamtbeurteilung der Gefahr durch Unterbrechung der Stromversorgung bei:

I. Ausfallrate in der Gegend ($x_{5.1}$)
II. Auslegung der Stromversorgung ($x_{5.2}$)
III. Blitz- und Überspannungsschutz ($x_{5.3}$)
IV. Tolerierbare Ausfallzeiten ($x_{5.4}$)
V. Auslegung der USV-Anlage ($x_{5.5}$)
VI. Auslegung der Netzersatzanlage ($x_{5.6}$)

Zu I. (Ausfallrate in der Gegend): $x_{5.1}$ =
0,1: Höchste Ausfallrate und höchste Ausfallhäufigkeit möglich (mehrere Tage; öfters im Jahr): Z. B. Freileitungen (Stichleitung) in ländlicher Gegend, längerfristiger Ausfall bei Schnee/Unwetter usw. möglich
0,2: Hohe Ausfallrate und hohe Ausfallhäufigkeit möglich (1-2 Tage; 1-2mal im Jahr): Z. B. Freileitungen (Ringleitung) in ländlicher

5.5 Maßnahmen zur Aufrechterhaltung der Stromversorgung

Gegend, längerfristiger Ausfall bei Schnee/Unwetter usw. möglich

0,3: Erhöhte Ausfallrate und erhöhte Ausfallhäufigkeit möglich (max. 1 Tag; 1mal im Jahr): Z. B. Erdleitung (Stichleitung), ländliche Gegend

0,4: Höhere Ausfallrate und höhere Ausfallhäufigkeit möglich: Z. B. Erdleitung (Ringleitung), ländliche Gegend

0,5: Ausfallrate bis zu 8 Stunden möglich, Ausfallhäufigkeit bis zu 3mal in 5 Jahren: Z. B. Versorgung nur von einem Energielieferanten

0,7: Maximale Unterbrechungszeit < 1 Stunde, Ausfallhäufigkeit maximal 1mal in 5 Jahren: Z. B., wenn Umschaltmöglichkeiten vorhanden sind (Kleinstadt)

0,9: Ausfall kaum möglich, kurzfristiges Umschalten garantiert; Ausfallhäufigkeit maximal 1mal in 10 Jahren: Mehrere Versorger stehen bereit (Großstadt)

Zu II. (Auslegung der Stromversorgung): $x_{5.2} =$
0,1: Keiner der nachfolgend aufgezählten Punkte trifft zu
0,2: 1 der nachfolgend aufgezählten Punkte trifft zu
0,3: 2 der nachfolgend aufgeführten Punkte treffen zu
0,4: 3 der nachfolgend aufgeführten Punkte treffen zu
0,5: 4 der nachfolgend aufgeführten Punkte treffen zu
0,6: 5–6 der nachfolgend aufgeführten Punkte treffen zu
0,7: 7 der nachfolgend aufgeführten Punkte treffen zu
0,8: 8–9 der nachfolgend aufgeführten Punkte treffen zu
0,9: 10 der nachfolgend aufgeführten Punkte treffen zu

1. *Eigene Stromhauptleitung für den EDV-Bereich vorhanden*
   a) Erfüllt normale Anforderungen an einen EDV-Bereich (2)
   b) Geringe Anschaffungskosten (2)
   c) Keine Unterhaltungskosten (1)
   d) Erfüllt seinen Zweck zuverlässig (3)
2. *Nur Erdleitungen vorhanden*
   a) Sinnvoll und notwendig für einen EDV-Bereich (2)
   b) Üblicherweise keine zusätzlichen Anschaffungskosten (1)
   c) Keine Unterhaltungskosten (1)
   d) Erfüllt seinen Zweck zuverlässig (3)
3. *Zwei räumlich getrennte Einspeisungen vorhanden*
   a) Erfüllt erhöhte Anforderungen an einen EDV-Bereich (3)

b) Erhöhte Anschaffungskosten (2)
c) Keine Unterhaltungskosten (1)
d) Erfüllt seinen Zweck zuverlässig (3)
4. Zwei räumlich getrennte Transformatorstationen vorhanden
   a) Erfüllt erhöhte Anforderungen an einen EDV-Bereich (4)
   b) Hohe Anschaffungskosten, so noch nicht vorhanden (3)
   c) Keine Unterhaltungskosten (1)
   d) Erfüllt seinen Zweck zuverlässig (4)
5. Mehr als ein Energielieferant stehen bereit
   a) Erfüllt erhöhte Anforderungen an einen EDV-Bereich (4)
   b) Keine zusätzlichen Anschaffungskosten, da (abgesehen von der Standortwahl) nicht beeinflußbar (1)
   c) Keine Unterhaltungskosten (1)
   d) Erfüllt seinen Zweck zuverlässig (4)
6. Aktive USV-Anlage steht bereit
   a) Erfüllt erhöhte Anforderungen an einen EDV-Bereich (3)
   b) Hohe zusätzliche Kosten (3)
   c) Geringe Unterhaltungskosten (Raumbedarf) (1)
   d) Erfüllt seinen Zweck zuverlässig (4)
7. Es steht eine Netzersatzanlage bereit
   a) Erfüllt erhöhte Anforderungen an einen EDV-Bereich (4)
   b) Hohe zusätzliche Kosten (3)
   c) Höhere Unterhaltungskosten (Raumbedarf, Wartung, Öllager, Probeläufe) (2)
   d) Erfüllt seinen Zweck zuverlässig (4)
8. Spannungsgleichrichter vorhanden
   a) Standard für einen EDV-Bereich (2)
   b) Geringe Anschaffungskosten (1)
   c) Keine Unterhaltungskosten (1)
   d) Erfüllt seinen Zweck zuverlässig (3)
9. Der EDV-Bereich hat eine eigene Transformatorstation, oder der Transformator hat eine geringe Auslastung
   a) Erfüllt sehr hohe Anforderungen an einen EDV-Bereich (4)
   b) Hohe Anschaffungskosten (3)
   c) Kaum Unterhaltungskosten (1)
   d) Erfüllt seinen Zweck zuverlässig (4)

5.5 Maßnahmen zur Aufrechterhaltung der Stromversorgung

10. *Die Stromhauptleitung ist ausreichend dimensioniert*
    a) *Standard für einen EDV-Bereich bzw. für jeden betrieblichen Bereich (2)*
    b) *Keine zusätzlichen Anschaffungskosten (1)*
    c) *Keine Unterhaltungskosten (1)*
    d) *Erfüllt seinen Zweck bedingt zuverlässig, da Grundvoraussetzung (2)*

Zu III: (Blitz- und Überspannungsschutz): $x_{5.3} =$

0,1: < 4 der nachfolgend aufgeführten Punkte treffen zu
0,2: 4–5 der nachfolgend aufgeführten Punkte treffen zu
0,3: 6 der nachfolgend aufgeführten Punkte treffen zu
0,4: 7–8 der nachfolgend aufgeführten Punkte treffen zu
0,5: 9 der nachfolgend aufgeführten Punkte treffen zu
0,6: 10–11 der nachfolgend aufgeführten Punkte treffen zu
0,7: 12 der nachfolgend aufgeführten Punkte treffen zu
0,8: 13–14 der nachfolgend aufgeführten Punkte treffen zu
0,9: 15 der nachfolgend aufgeführten Punkte treffen zu

1. *Potentialausgleich von allen leitenden Gebäudebestandteilen konsequent miteinander verbunden und korrekt geerdet*
   a) *Standard für einen EDV-Bereich (2)*
   b) *Geringe zusätzliche Anschaffungskosten in der Bauphase (3), nachrüstend kaum möglich (4)*
   c) *Keine Unterhaltungskosten (1)*
   d) *Erfüllt seinen Zweck zuverlässig, wenn auch die restlichen Unterpunkte erfüllt sind (3)*
2. *Die Potentialausgleichsschienen verschiedener zueinandergehörender Gebäude bzw. miteinander verbundener Gebäude sind untereinander verbunden*
   a) *Standard für einen EDV-Bereich (2)*
   b) *Kaum zusätzliche Anschaffungskosten(2), Nachrüstung aber jederzeit möglich (2)*
   c) *Kaum Unterhaltungskosten (1)*
   d) *Erfüllt seinen Zweck zuverlässig, wenn auch die Punkte 3 bis 6 erfüllt sind (3)*
3. *Gebäudeblitzschutz nach DIN VDE 0185 konsequent realisiert*
   a) *Standard für einen EDV-Bereich (2)*
   b) *Übliche Anschaffungskosten für ein Gebäude (2)*
   c) *Kaum Unterhaltungskosten (1)*

d) *Erfüllt seinen Zweck zuverlässig, in Verbindung mit den Punkten 1, 2, 4, 5 und 6 (3)*

4. *Grobschutzelemente in der Hauptverteilung (Einspeisung) vorhanden*

   a) *Erfüllt normale Anforderungen an einen EDV-Bereich (2)*

   b) *Vertretbar geringe Anschaffungskosten (1)*

   c) *Keine Unterhaltungskosten (1)*

   d) *Erfüllt seinen Zweck zuverlässig in Verbindung mit den Punkten 1-3 und 5-6 (3)*

5. *Grobschutzelemente in allen Unterverteilungen (Etagenverteilungen) vorhanden*

   a) *Erfüllt erhöhte Anforderungen an einen EDV-Bereich (2)*

   b) *Geringe Anschaffungskosten (1)*

   c) *Keine Unterhaltungskosten (1)*

   d) *Erfüllt seinen Zweck zuverlässig in Verbindung mit den Punkten 1, 2, 3, 4 und 6 (3)*

6. *Feinschutzelemente für alle relevanten Geräte vorhanden, bzw. direkte Stromversorgung über eine aktive USV-Anlage*

   a) *Erfüllt erhöhte Anforderungen an einen EDV-Bereich (2)*

   b) *Vertretbar geringe bzw. erhöhte (USV-Anlage) Anschaffungskosten (2 oder 3)*

   c) *Keine Unterhaltungskosten (1)*

   d) *Erfüllt seinen Zweck zuverlässig in Verbindung mit den Punkten 1-5 (3)*

7. *Regelmäßige Überprüfung/Wartung aller o. a. Elemente (Grobschutz, Feinschutz, Potentialausgleich und Blitzschutz)*

   a) *Erfüllt übliche Anforderungen an einen EDV-Bereich (2)*

   b) *Keine Anschaffungskosten (1)*

   c) *Geringe Unterhaltungskosten (1)*

   d) *Erfüllt seinen Zweck zuverlässig (3)*

8. *Räumliche Trennung von Strom- und Datenleitungen überall garantiert*

   a) *Erfüllt erhöhte Anforderungen an einen EDV-Bereich (3)*

   b) *Erhöhte Anschaffungskosten(3), nachrüstend kaum noch realisierbar (4)*

   c) *Keine Unterhaltungskosten (1)*

   d) *Erfüllt seinen Zweck zuverlässig (4)*

9. *Räumliche Trennung von Strom- und Datenleitungen zu blitzstromführenden Teilen garantiert*

a) Standard für einen EDV-Bereich (2)
b) Kaum zusätzliche Anschaffungskosten, nachrüstend nicht realisierbar (2)
c) Keine Unterhaltungskosten (1)
d) Erfüllt seinen Zweck zuverlässig (3)

10. Keine Strom- oder Datenfreileitungen vorhanden
    a) Standard für einen EDV-Bereich (2)
    b) Üblicherweise keine zusätzlichen Anschaffungskosten (1)
    c) Keine Unterhaltungskosten (1)
    d) Erfüllt seinen Zweck zuverlässig (3)

11. Es gibt keine Spannungsschwankungen aufgrund von angeschlossenen Großverbrauchern
    a) Standard für einen EDV-Bereich (2)
    b) Kaum zusätzliche Anschaffungskosten (1)
    c) Keine Unterhaltungskosten (1)
    d) Erfüllt seinen Zweck zuverlässig (3)

12. Um elektrostatische Aufladungen bzw. Entladungen zu vermeiden, haben die Kunststoff-Bodenbeläge einen Erdableitungswiderstand von $< 10^9$ Ohm
    a) Standard für einen EDV-Bereich (2)
    b) Geringe zusätzliche Anschaffungskosten (1)
    c) Keine Unterhaltungskosten (1)
    d) Erfüllt seinen Zweck zuverlässig (3)

13. Alle Geräte können am Eingang spannungsfrei geschaltet werden (Not-Aus)
    a) Standard bzw. VdS-Vorschrift für einen EDV-Bereich (2)
    b) Kaum zusätzliche Anschaffungskosten (1)
    c) Keine Unterhaltungskosten (1)
    d) Erfüllt seinen Zweck zuverlässig (2)

14. Induktionsströme können aufgrund baulicher Maßnahmen keinen Schaden anrichten
    a) Standard für einen EDV-Bereich (2)
    b) Erhöhte zusätzliche Anschaffungskosten in der Bauphase (2), nachrüstend kaum realisierbar (4)
    c) Keine Unterhaltungskosten (1)
    d) Erfüllt seinen Zweck zuverlässig (3)

15. Technische Maßnahmen verhindern das Eintreten von Überspannungen in erdverlegten Leitungen
    a) Erfüllt erhöhte Anforderungen an einen EDV-Bereich (4)

b) Erhöhte zusätzliche Anschaffungskosten in der Bauphase (3)
   c) Keine Unterhaltungskosten (1)
   d) Erfüllt seinen Zweck zuverlässig (3)

Zu IV: (Tolerierbare Ausfallzeiten): $x_{5.4} =$
0,1: 5 Minuten
0,2: 15 Minuten
0,3: 30 Minuten
0,4: 1 Stunde
0,5: 2 Stunden
0,6: 4 Stunden
0,7: 8 Stunden
0,8: 1–2 Tage
0,9: 1 Woche oder weniger, wenn eine aktive USV-Anlage und eine Netzersatzanlage vorhanden sind

Zu V: (Auslegung der USV-Anlage): $x_{5.5} =$
0,1: Es gibt keine USV-Anlage
0,2: 1 der nachfolgend aufgeführten Punkte trifft zu
0,3: 2–3 der nachfolgend aufgeführten Punkte treffen zu
0,4: 4 der nachfolgend aufgeführten Punkte treffen zu
0,5: 5–6 der nachfolgend aufgeführten Punkte treffen zu
0,6: 7 der nachfolgend aufgeführten Punkte treffen zu
0,7: 8–9 der nachfolgend aufgeführten Punkte treffen zu
0,8: 10 der nachfolgend aufgeführten Punkte treffen zu
0,9: 11 der nachfolgend aufgeführten Punkte treffen zu

1. Alle relevanten Geräte erhalten ihre Stromversorgung über eine aktive USV-Anlage
   a) Erfüllt hohe Anforderungen an einen EDV-Bereich (4)
   b) Hohe zusätzliche Anschaffungskosten (4)
   c) Kaum Unterhaltungskosten (2)
   d) Erfüllt seinen Zweck zuverlässig (4)
2. Es gibt Redundanzen bzw. eine Aufteilung der benötigten USV-Leistung auf mehrere Geräte
   a) Erfüllt sehr hohe Anforderungen an einen EDV-Bereich (4)
   b) Hohe zusätzliche Anschaffungskosten (3)
   c) Geringere Unterhaltungskosten (2)

5.5 Maßnahmen zur Aufrechterhaltung der Stromversorgung

   d) *Erfüllt seinen Zweck sehr zuverlässig (4)*
3. *Der aktuelle Betriebszustand der USV-Anlage wird im EDV-Bereich angezeigt*
   a) *Standard für einen EDV-Bereich, der eine USV-Anlage hat (2)*
   b) *Kaum zur USV-Anlage zusätzliche Anschaffungskosten (1)*
   c) *Keine Unterhaltungskosten (1)*
   d) *Erfüllt seinen Zweck zuverlässig (3)*
4. *Es gibt beim Verlassen der Toleranzwerte optischen und akustischen Alarm an einer ständig besetzten Stelle und im EDV-Bereich*
   a) *Standard für einen EDV-Bereich, der eine USV-Anlage hat (2)*
   b) *Kaum zur USV-Anlage zusätzliche Anschaffungskosten (1)*
   c) *Keine Unterhaltungskosten (1)*
   d) *Erfüllt seinen Zweck zuverlässig (3)*
5. *Die Geräte werden beim Verlassen der Toleranzwerte automatisch abgeschaltet*
   a) *Erfüllt höhere Anforderungen an einen EDV-Bereich (3)*
   b) *Geringere zusätzliche Anschaffungskosten (2)*
   c) *Kaum Unterhaltungskosten (1)*
   d) *Erfüllt seinen Zweck zuverlässig (3)*
6. *Die USV-Anlage hat eine automatische Netzrückschalteinrichtung*
   a) *Standard für einen EDV-Bereich, der eine USV-Anlage hat (2)*
   b) *Zur USV-Anlage keine zusätzlichen Anschaffungskosten (1)*
   c) *Keine Unterhaltungskosten (1)*
   d) *Erfüllt seinen Zweck zuverlässig (2)*
7. *Eine manuelle Umgehung der USV-Anlage ist möglich*
   a) *Standard für einen EDV-Bereich, der eine USV-Anlage hat (2)*
   b) *Kaum zusätzliche Anschaffungskosten (1)*
   c) *Keine Unterhaltungskosten (1)*
   d) *Erfüllt seinen Zweck zuverlässig (2)*
8. *Der USV-Anlagen-Raum ist belüftet*
   a) *Standard für einen EDV-Bereich, der eine USV-Anlage hat (2)*
   b) *Kaum zusätzliche Anschaffungskosten (1)*

     c) *Kaum Unterhaltungskosten (1)*
     d) *Erfüllt seinen Zweck relativ zuverlässig (2)*
9. *Der USV-Anlagenraum ist ebenfalls vollwertig gegen alle anstehenden Gefahren geschützt*
     a) *Erfüllt hohe Anforderungen an einen EDV-Bereich (3)*
     b) *Höhere zusätzliche Anschaffungskosten (3)*
     c) *Geringere Unterhaltungskosten (2)*
     d) *Erfüllt seinen Zweck zuverlässig (4)*
10. *Der USV-Anlagenraum ist nach F 90 ausgelegt*
     a) *Erfüllt erhöhte Anforderungen an einen EDV-Bereich (3)*
     b) *Geringere zusätzliche Anschaffungskosten (2)*
     c) *Keine Unterhaltungskosten (1)*
     d) *Erfüllt seinen Zweck zuverlässig (3)*
11. *Es handelt sich um eine aktive USV-Anlage*
     a) *Erfüllt erhöhte Anforderungen an einen EDV-Bereich (3)*
     b) *Zusätzliche Anschaffungskosten (3)*
     c) *Keine Unterhaltungskosten (1)*
     d) *Erfüllt seinen Zweck zuverlässig (3)*

Zu VI: (Auslegung der Netzersatzanlage): $x_{5.6} =$
0,1: Es gibt keine Netzersatzanlage
0,2: 1 der nachfolgend aufgeführten Punkte trifft zu
0,3: 2 der nachfolgend aufgeführten Punkte treffen zu
0,4: 3–4 der nachfolgend aufgeführten Punkte treffen zu
0,5: 5 der nachfolgend aufgeführten Punkte treffen zu
0,6: 6–7 der nachfolgend aufgeführten Punkte treffen zu
0,7: 8 der nachfolgend aufgeführten Punkte treffen zu
0,8: 9–10 der nachfolgend aufgeführten Punkte treffen zu
0,9: 11 der nachfolgend aufgeführten Punkte treffen zu

1. *Neben elektrotechnischen Geräten sind auch die Klimaanlage, der eventuell vorhandene Kaltwassersatz, alle Gefahrenmeldeanlagen und die Notbeleuchtung angeschlossen*
     a) *Standard für einen EDV-Bereich, wenn eine Netzersatzanlage vorhanden ist (2)*
     b) *Kaum zur Netzersatzanlage zusätzliche Anschaffungskosten (1)*
     c) *Keine Unterhaltungskosten (1)*
     d) *Erfüllt seinen Zweck zuverlässig (3)*

5.5 Maßnahmen zur Aufrechterhaltung der Stromversorgung

2. Der Betriebszustand wird im EDV-Bereich angezeigt
   a) Standard für einen EDV-Bereich (2)
   b) Kaum zusätzliche Anschaffungskosten (1)
   c) Keine Unterhaltungskosten (1)
   d) Erfüllt seinen Zweck zuverlässig (2)
3. Die Netzersatzanlage springt bei Netzstörung automatisch an
   a) Standard für einen EDV-Bereich mit Netzersatzanlage (2)
   b) Keine zur Netzersatzanlage zusätzlichen Anschaffungskosten (1)
   c) Keine Unterhaltungskosten (1)
   d) Erfüllt seinen Zweck zuverlässig (2)
4. Der Netzersatzanlagen-Raum ist ausreichend belüftet
   a) Standard für einen EDV-Bereich bzw. notwendig (2)
   b) Geringe zusätzliche Anschaffungskosten (1)
   c) Keine Unterhaltungskosten (1)
   d) Erfüllt seinen Zweck zuverlässig (2)
5. Der Netzersatzanlagen-Raum ist nach F 90 ausgelegt
   a) vom VdS und nach der Landesbauordnungen vorgeschrieben (2)
   b) Zusätzliche Anschaffungskosten (2)
   c) Keine Unterhaltungskosten (1)
   d) Erfüllt seinen Zweck zuverlässig (3)
6. Der Betrieb der Netzersatzanlagen erzeugt keine störendenden Fibrationen
   a) Erfüllt erhöhte Anforderungen an einen sensiblen EDV-Bereich (3)
   b) Höhere Anschaffungskosten (3)
   c) Keine Unterhaltungskosten (1)
   d) Erfüllt seinen Zweck zuverlässig (3)
7. Die Netzersatzanlage wird mindestens einmal im Monat erfolgreich probegefahren
   a) Standard für einen EDV-Bereich mit einer Netzersatzanlage (2)
   b) Kaum zur Netzersatzanlage zusätzliche Anschaffungskosten (1)
   c) Geringe Unterhaltungskosten (1)
   d) Erfüllt seinen Zweck zuverlässig (3)
8. Der Raum mit der Netzersatzanlage ist ebenfalls vollwertig gegen alle anstehenden Gefahren geschützt

a) *Erfüllt erhöhte Anforderungen an einen EDV-Bereich (4)*
b) *Erhöhte zusätzliche Anschaffungskosten (3)*
c) *Kaum Unterhaltungskosten (2)*
d) *Erfüllt seinen Zweck zuverlässig (4)*

9. *Der das Energiemedium (Diesel oder Gas) beinhaltende Behälter/Leitung ist gegen alle anstehenden Gefahren geschützt*
a) *Erfüllt erhöhte Anforderungen an einen EDV-Bereich (3)*
b) *Erhöhte zusätzliche Anschaffungskosten (3)*
c) *Kaum Unterhaltungskosten (1)*
d) *Erfüllt seinen Zweck zuverlässig (4)*

10. *Die Netzersatzanlage könnte auch über Wochen betrieben werden*
a) *Erfüllt hohe Anforderungen an einen EDV-Bereich (4)*
b) *Erhöhte zusätzliche Anschaffungskosten (3)*
c) *Keine Unterhaltungskosten (1)*
d) *Erfüllt seinen Zweck zuverlässig (4)*

11. *Die Netzersatzanlage ist nach 20–30 s vollwertig einsatzbereit*
a) *Erfüllt normale Anforderungen an eine Netzersatzanlage (4)*
b) *Zur Netzersatzanlage entstehen keine zusätzlichen Kosten (1)*
c) *Keine Unterhaltungskosten (1)*
d) *Erfüllt seinen Zweck zuverlässig (4)*

Aus diesen sechs Beurteilungskriterien berechnet sich die Gesamtnote X_5:

$$X_5 = (x_{5.1} \cdot x_{5.2} \cdot x_{5.3} \cdot x_{5.4} \cdot x_{5.5} \cdot x_{5.6})^{1/6}$$

$$0{,}1 \leq X_5 \leq 0{,}9$$

5.6
Maßnahmen gegen Datenverlust

Laut einer akutellen Untersuchung sind weniger als 15 % der EDV-Datenträger sicherheitstechnisch korrekt archiviert. Dabei dürfen nur geprüfte Sicherungsschränke (siehe Abb. 86) zum Einsatz kommen, damit in unterschiedlichen Stör- und Katastrophenfällen den Datenträgern nichts geschieht. Die Datensicherung und Datenlagerung ist eines der wichtigen Bestandteile für den problemlosen und schnellen

5.6 Maßnahmen gegen Datenverlust

Abb. 86 Feuerbeständiger und rauchdichter Datensicherungsschrank [Adolphs GmbH]

Wiederanlauf nach einer Katastrophe. Die nachfolgende Tabelle 10 zeigt die Ursachen für Datenverluste, die eine Untersuchung von einer Versicherungsgesellschaft ergeben hat.

Die Datensicherung dient ausschließlich dem Zweck, bei Ausfall eines Primärdatenträgers (z. B. Lesefehler auf der Platte/dem Band im Computer) oder bei Ausfall des Computers (z. B. Brand, Sabotage) die dadurch verlorengegangenen elektronisch gespeicherten Informationen (Programme und Daten) wieder auf eine Anlage aufzuspielen. Dazu ist vorab festzustellen, wie aktuell die duplizierten Daten sein müssen, um mit ihnen für das Unternehmen vernünftig weiterzuarbeiten. Es mag Unternehmen geben, die mit 24 Stunden alten Daten

Tabelle 10 Ursachen für Datenverluste

Ursache	Anteil
Fahrlässigkeit	60 %
Sabotage	15 %
Stromausfall	5 %
Viren	5 %
Wasser	2 %
Sonstiges	13 %

ohne Probleme einen Wiederanlauf starten können (z. B. wenn sich pro Tag nur wenig oder wenig relevantes oder leicht rekonstruierbares verändert); andere Unternehmen wie Banken und Versicherungen können bereits mit nur wenige Stunden alten Sicherungsbändern nur bedingt oder nicht mehr arbeiten.

Vorab ist also festzustellen, welche Priorität die Aktualität der Sicherungsdaten hat; im Anschluß daran ist die Quantität und die Art der Datensicherung zu bestimmen. In Absprache mit dem Softwarelieferanten läßt sich das geeignete bzw. zeitlich effizienteste Sicherungsverfahren und die hierfür am besten geeigneten Datenträger (Bänder, konventionelle Platten, CD-ROM, Cartriges) festlegen.

Auch gesicherte Daten können fehlerhaft sein, deswegen sollte es immer mehrere Duplikate geben. Es empfiehlt sich, die Sicherungen nach dem sog. Generationsprinzip („Großvater-Vater-Sohn") durchzuführen, d. h. es sind mindestens drei komplette, aufeinander folgende Sicherungen mit zunehmender Aktualität vorhanden. Die aktuelle Sicherung geschieht immer auf die Datenträger der ältesten Sicherung.

Je nach Umfang der Datenmengen kann eine Sicherung mehrere Stunden in Anspruch nehmen und da die Anlage während dieser Zeit nicht betrieben werden kann (d. h. die Neueingabe oder Abfrage ist nicht möglich), können Überschneidungsprobleme entstehen: Muß nach einer hohen Prioritätsstufe gesichert werden (z. B. spätestens alle 2 Stunden), auch wenn ein Sicherungslauf mehrere Stunden dauert, so kann ein konventionelles Sicherungskonzept nicht funktionieren. In diesen Fällen kann nur eine sog. Duplexanlage (d. h. eine identische EDV-Anlage, aufgestellt in einem eigenen Komplex), die zeitgleich mit dem Hauptrechner alle Daten übermittelt bekommt, den Anforderungen genügen.

Es gibt verschiedene Möglichkeiten, Daten zu sichern. Sinnvoll ist eine Komplettsicherung nur dann, wenn der Faktor Zeit keine Bedeutung hat, z. B. weil die Sicherung sehr schnell abläuft, weil es nur wenige MB Daten zu sichern gibt oder an arbeitsfreien Tagen; andernfalls soll es z. B. einmal wöchentlich eine Komplettsicherung der veränderten Daten geben und täglich lediglich eine Sicherung der Daten, die an diesem Tag geändert wurden.

Im Katastrophenfall werden die Komplettsicherungen (Monatssicherung) auf die neue Anlage oder die Ausweichanlage gespielt und im Anschluß daran die Wochen- und Tagessicherungen eingelesen

5.6 Maßnahmen gegen Datenverlust

und somit die nicht mehr aktuellen Daten auf den Monats- und Wochensicherungen überspielt und aktualisiert.

Viele Daten gehen aufgrund von Fahrlässigkeit verloren, nach unterschiedlichen Untersuchungen 70- über 90 % und nur ein verschwindend kleiner Prozentsatz durch Katastrophen oder Vorsatz der Mitarbeiter. Dieser Tatsache ist Rechnung zu tragen: So zeigten Untersuchungen, wie sich Mitarbeiter zu Beginn einer neuen Tätigkeit und nach einer gewissen Gewöhnungsphase verhalten. Aus diesem Grund sind auch vollautomatisch funktionierende Robotersysteme sinnvoll (siehe Abb. 87), denn hier kann es nicht mehr zu Verwechslungen und menschlichem Fehlverhalten kommen; zudem muß praktisch nie jemand diese Räume betreten, zumindest nicht täglich, sodaß auch hier die Gefahr durch Sabotage oder fahrlässige Fehler wesentlich reduziert wird.

Voraussetzung für die sicherheitsgerechte Datensicherung und Datenauslagerung zum problemlosen Wiederanlauf sind die folgenden Punkte (Erläuterungen im Anschluß) für die Datenauslagerungsräume:

Abb. 87 Vollautomatischer Cassetten-Laderoboter [Comparex GmbH]

- Klimaanlagen mit Überwachung
- Rauchdichte und feuerbeständige Datensicherungsschränke
- Brandschutzkonzept
- Einbruchschutz
- Zutrittsregelung
- Kontrolle der Sicherungsläufe
- Geeignete Datenträger-Transportbehälter vom EDV-Bereich zum Datenauslagerungsraum (geeignet bedeutet, daß klimatische Abweichungen nur stark verzögert oder nicht nach innen geleitet werden; diese Behälter müssen auch schädliche Sonnenstrahen oder Regen abhalten)

Datenträger müssen zum Datenerhalt in bestimmten klimatischen Bedingungen (Temperatur- und Feuchtegrenzen) gelagert werden. Um bei einem Brand oder bei Staub- und Schmutzpartikelchen in der Luft eine Beschädigung der Datenträger zu vermeiden, sind diese in Datensicherungsschränken aufzubewahren. Ein Brandschutzkonzept, das bauliche, organisatorische, vorbeugende und abwehrende Brandschutzmaßnahmen berücksichtigt, verhindert bzw. erschwert einen Brandschaden im Gefahrenbereich des Datensicherungsschranks.

Hard- und Software sowie Gebäude sind oft leicht und relativ schnell wiederzubeschaffen, die elektronisch gespeicherten Daten oft aber nicht, deshalb ist der Schutz allgemein, insbesondere aber der Brandschutz im Datenarchiv sehr wichtig. Um mutwillige Sachbeschädigung an den Datenträgern oder deren Diebstahl zu verhindern bzw. derartige Versuche rechtzeitig gemeldet zu bekommen, soll der Raum mit den Sicherungsbändern mechanisch stabil gesichert sowie mit Einbruchmeldern (Bewegungsmeldern und Außenhautüberwachung) versehen sein. Ein Zutrittskontrollsystem mit Protokollierung gewährleistet nur den berechtigten Personen den Eintritt.

Um die regelmäßigen und vorgeschriebenen Sicherungskopien zu erstellen, sind diese von der jeweils verantwortlichen Person in ein Buch einzutragen und mit Unterschrift verbindlich zu protokollieren; diese Eintragungen sollen auch täglich geprüft werden.

Die folgenden Faktoren tragen zur Gesamtbeurteilung der Gefahr durch Betriebsunterbrechung bei, resultierend aus nicht zur Verfügung stehenden elektronisch gespeicherten Daten oder dazu benötigten Maschinen:

5.6 Maßnahmen gegen Datenverlust

I. Bedeutung der Daten für das Unternehmen ($x_{6.1}$)
II. Backup-Realisierung ($x_{6.2}$)
III. Art der Datenauslagerung ($x_{6.3}$)
IV. Sicherheitsmaßnahmen am/an den Auslagerungsort/en ($x_{6.4}$)
V. Häufigkeit der Datensicherung ($x_{6.5}$)
VI. Anlieferung von neuen Geräten ($x_{6.6}$)
VII. Redundanz aller Geräte und technischer Einrichtungen ($x_{6.7}$)
VIII. Organisatorische Sicherheit ($x_{6.8}$)
IX. Häufigkeit der Datenauslagerung ($x_{6.9}$)

Zu I: (Bedeutung der Daten für das Unternehmen): $x_{6.1} =$
   0,1: 10 min. alte Daten sind veraltet und unbrauchbar
   0,2: 30 min. alte Daten sind veraltet und unbrauchbar
   0,3: 1 Stunde alte Daten sind veraltet und unbrauchbar
   0,4: 2 Stunden alte Daten sind veraltet und unbrauchbar
   0,5: 4 Stunden alte Daten sind veraltet und unbrauchbar
   0,6: 8 Stunden alte Daten sind veraltet und unbrauchbar
   0,7: 2 Tage alte Daten sind veraltet und unbrauchbar
   0,8: 5 Tage alte Daten sind veraltet und unbrauchbar
   0,9: 2 Wochen alte Daten sind veraltet und unbrauchbar

Zu II: (Backup-Realisierung): $x_{6.2} =$
   0,1: Keinerlei Backup oder Backup-Überlegungen vorhanden
      a) Entspricht nicht den sicherheitstechnischen Mindestanforderungen an einen EDV-Bereich (-)
      b) Keinerlei Anschaffungskosten (1)
      c) Keinerlei Unterhaltungskosten (1)
      d) Erfüllt seinen Zweck nicht zuverlässig (1)
   0,2: Kaltes Backup vorhanden (extern, Container)
      a) Mindestanforderung an einen EDV-Bereich (2)
      b) Geringe zusätzliche Anschaffungskosten (1)
      c) Kaum Unterhaltungskosten (2)
      d) Erfüllt seinen Zweck nicht zuverlässig (2)
   0,3: Internes Backup für relevante Maschinen vorhanden
      a) Standard für einen EDV-Bereich (2)
      b) Erhöhte zusätzliche Anschaffungskosten (3)
      c) Geringe Unterhaltungskosten (1)
      d) Erfüllt seinen Zweck nur bedingt zuverlässig (2)

0,4: *Internes Backup für alle Maschinen vorhanden*
  a) Standard für einen EDV-Bereich (2)
  b) Erhöhte zusätzliche Anschaffungskosten (4)
  c) Geringe Unterhaltungskosten (1)
  d) Erfüllt seinen Zweck nur bedingt zuverlässig (2)
0,5: *Kaltes Backup vorhanden (intern)*
  a) Standard für einen EDV-Bereich (2)
  b) Erhöhte zusätzliche Anschaffungskosten (4)
  c) Kaum Unterhaltungskosten (2)
  d) Erfüllt seinen Zweck nur bedingt zuverlässig (2)
0,6: *Warmes Backup vorhanden (anderer Gefahrenbereich)*
  a) Erfüllt erhöhte Anforderungen an einen EDV-Bereich (3)
  b) Hohe zusätzliche Anschaffungskosten (4)
  c) Höhere Unterhaltungskosten (3)
  d) Erfüllt seinen Zweck zuverlässig (3)
0,7: *Containerbackup-Vertrag vorhanden*
  a) Erfüllt erhöhte Anforderungen an einen EDV-Bereich (3)
  b) Erhöhte zusätzliche Anschaffungskosten (2)
  c) Höhere Unterhaltungskosten (4)
  d) Erfüllt seinen Zweck zuverlässig (3)
0,8: *Doppelrechner in zwei Gefahrenbereichen vorhanden*
  a) Erfüllt hohe Anforderungen an einen EDV-Bereich (4)
  b) Hohe zusätzliche Anschaffungskosten (4)
  c) Hohe Unterhaltungskosten (4)
  d) Erfüllt seinen Zweck sehr zuverlässig (4)
0,9: *Heißes Backup in zwei Gefahrenbereichen vorhanden*
  a) Erfüllt höchste Anforderungen an einen EDV-Bereich (4)
  b) Sehr hohe zusätzliche Anschaffungskosten (4)
  c) Sehr hohe Unterhaltungskosten (4)
  d) Erfüllt seinen Zweck zuverlässig (4)

Zu III: (Art der Datenauslagerung): $x_{6.3} =$
0,1: *Es gibt keine Datensicherung*
  a) Entspricht nicht den sicherheitstechnischen Mindestanforderungen an einen EDV-Bereich (-)
  b) Keine Anschaffungskosten (1)
  c) Keine Unterhaltungskosten (1)
  d) Erfüllt seinen Zweck nicht zuverlässig (1)

5.6 Maßnahmen gegen Datenverlust

0,2: *Datenaufbewahrung offen, im selben Raum mit den Originaldaten*
   a) *Entspricht nicht den sicherheitstechnischen Mindestanforderungen an einen EDV-Bereich (-)*
   b) *Keine Anschaffungskosten (1)*
   c) *Keine Unterhaltungskosten (1)*
   d) *Erfüllt seinen Zweck nicht zuverlässig (1)*

0,3: *Datenaufbewahrung im selben Raum mit den Originaldaten, aber in Datensicherungsschränken*
   a) *Unter Standard für einen EDV-Bereich (2)*
   b) *Geringe zusätzliche Anschaffungskosten (2)*
   c) *Keine Unterhaltungskosten (1)*
   d) *Erfüllt seinen Zweck nicht zuverlässig genug (2)*

0,4: *Datenaufbewahrung offen, im selben Gebäude mit den Originaldaten*
   a) *Unter Standard für einen EDV-Bereich (2)*
   b) *Keine zusätzlichen Anschaffungskosten (1)*
   c) *Keine Unterhaltungskosten (1)*
   d) *Erfüllt seinen Zweck nicht zuverlässig genug (2)*

0,5: *Datenaufbewahrung im selben Gebäude mit den Originaldaten, aber in Datensicherungsschränken und außerhalb des Raums mit den Originaldaten*
   a) *Noch unter Standard für einen EDV-Bereich (2)*
   b) *Geringe zusätzliche Anschaffungskosten (3*
   c) *Keine Unterhaltungskosten (1)*
   d) *Erfüllt seinen Zweck nicht zuverlässig genug (2)*

0,6: *Offene Datenaufbewahrung (anderer Gefahrenkomplex)*
   a) *Noch unter Standard für einen EDV-Bereich (2)*
   b) *Keine zusätzlichen Anschaffungskosten (1)*
   c) *Kaum Unterhaltungskosten (1)*
   d) *Erfüllt seinen Zweck nicht zuverlässig genug (2)*

0,7: *Datenaufbewahrung im einem anderen Gefahrenkomplex, in Datensicherungsschränken*
   a) *Standard für einen EDV-Bereich (3)*
   b) *Geringfügig höhere zusätzliche Anschaffungskosten (3)*
   c) *Kaum Unterhaltungskosten (1)*
   d) *Erfüllt seinen Zweck zuverlässig (3)*

0,8: *Datenaufbewahrung in mehr als einem anderen Gefahrenkomplex, in Datensicherungsschränken*
   a) *Erfüllt erhöhte Anforderungen an einen EDV-Bereich (4)*

b) *Erhöhte zusätzliche Anschaffungskosten (3)*
c) *Geringe Unterhaltungskosten (1)*
d) *Erfüllt seinen Zweck zuverlässig (3)*

0,9: *Datenaufbewahrung an mehr als einem Gefahrenkomplex bzw. Brandbereich, jeweils in Datensicherungsschränken; einer davon ist ein Roboterraum (z. B. im Kellergeschoß des EDV-Gebäudes)*
a) *Erfüllt höchste Anforderungen an einen EDV-Bereich (4)*
b) *Hohe Anschaffungskosten (4)*
c) *Höhere Unterhaltungskosten (3)*
d) *Erfüllt seinen Zweck sehr zuverlässig (4)*

Zu IV: *(Sicherheitsmaßnahmen am/an den Auslagerungsort/en)*: $x_{6.4}$ =
0,1: < 2 der nachfolgend aufgeführten Punkte treffen zu
0,2: 2 – 3 der nachfolgend aufgeführten Punkte treffen zu
0,3: 4–5 der nachfolgend aufgeführten Punkte treffen zu
0,4: 6–7 der nachfolgend aufgeführten Punkte treffen zu
0,5: 8–9 der nachfolgend aufgeführten Punkte treffen zu
0,6: 10–11 der nachfolgend aufgeführten Punkte treffen zu
0,7: 12–13 der nachfolgend aufgeführten Punkte treffen zu
0,8: 14–15 der nachfolgend aufgeführten Punkte treffen zu
0,9: 16 der nachfolgend aufgeführten Punkte treffen zu

1. *Mechanische Sicherungen ausreichend realisiert*
    a) *Erfüllt erhöhte Anforderungen an den Datenauslagerungsort des EDV-Bereichs (3)*
    b) *Erhöhte zusätzliche Anschaffungskosten (3)*
    c) *Kaum Unterhaltungskosten (1)*
    d) *Erfüllt seinen Zweck zuverlässig (3)*
2. *Werkschutz ausreichend realisiert*
    a) *Erfüllt erhöhte Anforderungen an einen EDV-Bereich (3)*
    b) *Kaum Anschaffungskosten (1)*
    c) *Erhöhte Unterhaltungskosten (3)*
    d) *Erfüllt seinen Zweck zuverlässig (3)*
3. *Einbruchmeldeanlagen-Konzept ausreichend realisiert*
    a) *Erfüllt erhöhte Anforderungen an den Datenauslagerungsort des EDV-Bereichs (3)*
    b) *Zusätzliche Anschaffungskosten (2)*
    c) *Kaum Unterhaltungskosten (1)*
    d) *Erfüllt seinen Zweck zuverlässig (3)*
4. *Zutrittskontrollsystem vorhanden*

5.6 Maßnahmen gegen Datenverlust

    a) Erfüllt erhöhte Anforderungen an den Datenauslagerungsort eines EDV-Bereichs (4)
    b) Erhöhte zusätzliche Anschaffungskosten (2)
    c) Kaum Unterhaltungskosten (1)
    d) Erfüllt seinen Zweck zuverlässig (3)
5. *Vorbeugendes Brandschutzkonzept realisiert*
    a) Erfüllt normale Anforderungen an den Datenauslagerungsort eines EDV-Bereichs (2)
    b) Keine zusätzlichen Anschaffungskosten (1)
    c) Keine Unterhaltungskosten (1)
    d) Erfüllt seinen Zweck zuverlässig (3)
6. *Abwehrendes Brandschutzkonzept realisiert*
    a) Erfüllt erhöhte Anforderungen an den Datenauslagerungsort eines EDV-Bereichs (3)
    b) Leicht erhöhte zusätzliche Anschaffungskosten (2)
    c) Kaum Unterhaltungskosten (2)
    d) Erfüllt seinen Zweck zuverlässig (3)
7. *Bauliches Brandschutzkonzept realisiert (F 180)*
    a) Erfüllt erhöhte Anforderungen an den Datenauslagerungsort eines EDV-Bereichs (3)
    b) Erhöhte zusätzliche Anschaffungskosten (3)
    c) Keine Unterhaltungskosten (1)
    d) Erfüllt seinen Zweck zuverlässig (3)
8. *Geeignete Datensicherungsschränke vorhanden*
    a) Erfüllt erhöhte Anforderungen an den Datenauslagerungsort eines EDV-Bereichs (2)
    b) Hohe Anschaffungskosten, wenn viele Bänder gelagert werden (3)
    c) Keine Unterhaltungskosten (1)
    d) Erfüllt seinen Zweck zuverlässig (4)
9. *Klimatisierung und deren Schutz vorhanden*
    a) Erfüllt erhöhte Anforderungen an den Datenauslagerungsort eines EDV-Bereichs (3)
    b) Erhöhte zusätzliche Anschaffungskosten (3)
    c) Kaum Unterhaltungskosten (1)
    d) Erfüllt seinen Zweck zuverlässig (3)
10. *Schutz vor Wasser vorhanden*
    a) Erfüllt erhöhte Anforderungen an den Datenauslagerungsort eines EDV-Bereichs (3)

b) *Erhöhte zusätzliche Anschaffungskosten (3)*
c) *Kaum Unterhaltungskosten (1)*
d) *Erfüllt seinen Zweck zuverlässig (3)*

11. Der Datenauslagerungsraum ist fensterlos
    a) *Erfüllt erhöhte Anforderungen an den Datenauslagerungsort eines EDV-Bereichs (3)*
    b) *Evtl. erhöhte zusätzliche Anschaffungskosten (1, 2 oder 3)*
    c) *Keine Unterhaltungskosten (1)*
    d) *Erfüllt seinen Zweck zuverlässig (3)*

12. Es sind weder Wasser-, noch Pulverlöscher vorhanden
    a) *Standard für Datenauslagerungsräume (2)*
    b) *Keine zusätzlichen Anschaffungskosten (1)*
    c) *Keine Unterhaltungskosten (1)*
    d) *Erfüllt seinen Zweck zuverlässig (3)*

13. Es gibt eine Klimaüberwachungsanlage
    a) *Erfüllt erhöhte Anforderungen an den Datenauslagerungsort eines EDV-Bereichs (2)*
    b) *Geringere zusätzliche Anschaffungskosten (2)*
    c) *Keine Unterhaltungskosten (1)*
    d) *Erfüllt seinen Zweck zuverlässig (3)*

14. Es gibt keine elektrischen Anlagen/Geräte mit starkem Magnetfeld
    a) *Standard für Datenauslagerungsräume (2)*
    b) *Keine zusätzlichen Anschaffungskosten (1)*
    c) *Keine Unterhaltungskosten (1)*
    d) *Erfüllt seinen Zweck zuverlässig (2)*

15. Das Vieraugenprinzip ist auch hier gewährt
    a) *Standard für Datenauslagerungsräume von EDV-Bereichen (4)*
    b) *Erhöhte zusätzliche Anschaffungskosten (2)*
    c) *Kaum Unterhaltungskosten (1)*
    d) *Erfüllt seinen Zweck zuverlässig (4)*

16. Gesicherte Daten werden in einem Roboterraum automatisch überspielt
    a) *Erfüllt höchste Anforderungen an einen EDV-Bereich (4)*
    b) *Hohe zusätzliche Anschaffungskosten (4)*
    c) *Höhere Unterhaltungskosten (3)*
    d) *Erfüllt seinen Zweck sehr zuverlässig (4)*

5.6 Maßnahmen gegen Datenverlust

Zu V: (Häufigkeit der Datensicherung): $x_{6.5} =$
0,1: Nie
0,2: Zweimal im Jahr
0,3: Monatlich
0,4: Zweimal im Monat
0,5: Jede Woche einmal
0,6: Alle 2 Tage
0,7: Täglich einmal
0,8: Täglich zweimal
0,9: Spiegelplatten in zwei Gefahrenbereichen/Komplexen vorhanden

Zu VI: (Anlieferung von neuen Geräten): $x_{6.6} =$
0,1: Ersatz völlig ungewiß oder sehr langfristig
0,2: 12 Monate
0,3: 3–12 Monate
0,4: 2–3 Monate
0,5: 1–2 Monate
0,6: 2–4 Wochen
0,7: 3–10 Tage
0,8: 1–2 Tage
0,9: 0–4 Stunden

Zu VII: (Redundanz aller Geräte und technischen Einrichtungen):
$x_{6.7} =$
0,1: Keine Redundanz
0,3: Teilweise Redundanz, im selben Raum
0,5: Vollständige Redundanz, im selben Raum
0,7: Teilweise Redundanz, in anderen Gefahrenbereichen des selben Gebäudes
0,9: Vollständige Redundanz, in anderen Gebäuden (anderer Gefahrenbereich/Komplex)

Zu VIII: (Organisatorische Sicherheit): $x_{6.8} =$
0,1: 0 der nachfolgend aufgeführten Punkte treffen zu
0,2: 1 der nachfolgend aufgeführten Punkte trifft zu
0,3: 2 der nachfolgend aufgeführten Punkte treffen zu
0,4: 3–4 der nachfolgend aufgeführten Punkte treffen zu
0,5: 5 der nachfolgend aufgeführten Punkte treffen zu
0,6: 6–7 der nachfolgend aufgeführten Punkte treffen zu

0,7: 8 der nachfolgend aufgeführten Punkte treffen zu
0,8: 9–10 der nachfolgend aufgeführten Punkte treffen zu
0,9: 11 der nachfolgend aufgeführten Punkte treffen zu

1. Es gibt einen Verantwortlichen für das Datenarchiv
   a) Standard für einen EDV-Bereich, der über ein Datenarchiv verfügt (2)
   b) Kaum Anschaffungskosten (1)
   c) Geringe Unterhaltungskosten (nebenberuflich) (1)
   d) Erfüllt seinen Zweck zuverlässig (3)
2. Es gibt ein Magnetbandverwaltungsprogramm
   a) Standard für einen EDV-Bereich (2)
   b) Keine oder relativ geringe Anschaffungskosten (2)
   c) Kaum Unterhaltungskosten (1)
   d) Erfüllt seinen Zweck zuverlässig (3)
3. Datenträger werden mit den folgenden Angaben geführt: Archiv-Nr., Erstelldatum, Freigabedatum, Verfahrensbezeichnung)
   a) Standard für einen EDV-Bereich (2)
   b) Keine Anschaffungskosten (1)
   c) Kaum Unterhaltungskosten (1)
   d) Erfüllt seinen Zweck relativ zuverlässig (3)
4. Datenträger werden nur gegen Unterschrift ausgegeben (Logbuch und Leihschein)
   a) Erfüllt normale Anforderungen an einen EDV-Bereich (2)
   b) Keine Anschaffungskosten (1)
   c) Kaum Unterhaltungskosten (1)
   d) Erfüllt seinen Zweck zuverlässig (3)
5. Datenträger werden nur an bekannte Personen vergeben
   a) Standard für einen EDV-Bereich (2)
   b) Keine Anschaffungskosten (1)
   c) Keine Unterhaltungskosten (1)
   d) Erfüllt seinen Zweck zuverlässig (3)
6. Vor Inbetriebnahme werden Datenträger nach einem Transport akklimatisiert
   a) Notwendig und Standard für einen EDV-Bereich (3)
   b) Keine Anschaffungskosten (1)
   c) Keine Unterhaltungskosten (1)
   d) Erfüllt seinen Zweck zuverlässig (3)

5.6 Maßnahmen gegen Datenverlust

7. Es geschieht eine regelmäßige Inventurkontrolle der Datenträger
   a) Notwendig und Standard für einen EDV-Bereich (2)
   b) Keine Anschaffungskosten (1)
   c) Geringe Unterhaltungskosten (1)
   d) Erfüllt seinen Zweck zuverlässig (3)
8. Versendete Datenträger werden vorher dupliziert
   a) Erfüllt erhöhte Anforderungen an einen EDV-Bereich (3)
   b) Keine Anschaffungskosten (1)
   c) Höhere Unterhaltungskosten, wenn oft Datenträger verschickt werden (2)
   d) Erfüllt seinen Zweck zuverlässig (3)
9. Der Transport geschieht immer in klimatisch und sicherheitstechnisch geeigneten Behältern
   a) Notwendig für Datenträger eines EDV-Bereichs (2)
   b) Geringe Anschaffungskosten (2)
   c) Keine Unterhaltungskosten (1)
   d) Erfüllt seinen Zweck zuverlässig (3)
10. Regelmäßig werden alle Datenträger ausgetauscht
    a) Notwendig für einen EDV-Bereich (3)
    b) Keine Anschaffungskosten (1)
    c) Erhöhte Unterhaltungskosten (3)
    d) Erfüllt seinen Zweck zuverlässig (3)
11. Es gibt eine Vorrichtung, die Datenträger vernichten kann (thermisch, magnetisch oder mechanisch)
    a) Notwendig für einen EDV-Bereich (2)
    b) Geringe Anschaffungskosten (1)
    c) Keine Unterhaltungskosten (1)
    d) Erfüllt seinen Zweck zuverlässig (3)

Zu XI: (Häufigkeit der Datenauslagerung): $x_{6.9}$ =
0,1: Nie
0,2: Zweimal im Jahr
0,3: Monatlich
0,4: Zweimal im Monat
0,5: Jede Woche einmal
0,6: Alle 2 Tage
0,7: Täglich einmal
0,8: Täglich zweimal
0,9: Spiegelplatten in zwei Gefahrenbereichen/Komplexen vorhanden

Aus diesen neun Beurteilungskriterien berechnet sich die Gesamtnote X_6:

$$X_6 = (x_{6.1} \cdot x_{6.2} \cdot x_{6.3} \cdot \ldots \cdot x_{6.7} \cdot x_{6.8} \cdot x_{6.9})^{1/9}$$

$$0{,}1 \leq X_6 \leq 0{,}9$$

5.7
Sonstige sicherheitsrelevante Kriterien

Weitere sicherheitsrelevante Belange, die sich keinem der vorangegangenen Kapitel zuordnen ließen, sind hier aufgeführt:

I. *Umgebungsbedingte Gefahren* $(x_{7.1})$
II. *Gebäudebezogene Eigenschaften* $(x_{7.2})$
III. *Technische Gegebenheiten* $(x_{7.3})$
IV. *Organisatorische und einrichtungsbezogene Belange* $(x_{7.4})$
V. *Versicherungstechnische Maßnahmen* $(x_{7.5})$

Zu I: (Umgebungsbedingte Gefahren): $x_{7.1} =$
0,1: < 2 der nachfolgend aufgeführten Punkte treffen zu
0,2: 2 der nachfolgend aufgeführten Punkte treffen zu
0,3: 3 der nachfolgend aufgeführten Punkte treffen zu
0,4: 4 der nachfolgend aufgeführten Punkte treffen zu
0,5: 5 der nachfolgend aufgeführten Punkte treffen zu
0,6: 6 der nachfolgend aufgeführten Punkte treffen zu
0,7: 7 der nachfolgend aufgeführten Punkte treffen zu
0,8: 8 der nachfolgend aufgeführten Punkte treffen zu
0,9: 9 der nachfolgend aufgeführten Punkte treffen zu

1. *Schadstoffe aus der Umgebung (Gase, Stäube) sind unwahrscheinlich*
   a) *Standard für einen EDV-Bereich (2)*
   b) *Keine Anschaffungskosten (Standortwahl) (1)*
   c) *Keine Unterhaltungskosten (1)*
   d) *Erfüllt seinen Zweck zuverlässig (3)*
2. *Erschütterungen aus der Umgebung sind unwahrscheinlich*
   a) *Standard für einen EDV-Bereich (2)*
   b) *Keine Anschaffungskosten (Standortwahl) (1)*

5.7 Sonstige sicherheitsrelevante Kriterien

    c) Keine Unterhaltungskosten (1)
    d) Erfüllt seinen Zweck zuverlässig (3)

3. Einrichtungen mit starken elektromagnetischen Wellen (Radar, TV-Sender) sind nicht in der näheren und weiteren Umgebung
    a) Standard für einen EDV-Bereich (2)
    b) Keine Anschaffungskosten (Standortwahl) (1)
    c) Keine Unterhaltungskosten (1)
    d) Erfüllt seinen Zweck zuverlässig (3)
4. Naturgefahren (Erdrutsch, Lawine, Dammbruch, Vulkan, Erdbeben) ausgeschlossen aufgrund der geographischen Lage
    a) Notwendig und Standard für einen EDV-Bereich (2)
    b) Keine Anschaffungskosten (Standortwahl) (1)
    c) Keine Unterhaltungskosten (1)
    d) Erfüllt seinen Zweck zuverlässig (3)
5. Blockade weitgehend ausgeschlossen
    a) Notwendig für einen EDV-Bereich (3)
    b) Keine Anschaffungskosten (Standortwahl) (1)
    c) Keine Unterhaltungskosten (1)
    d) Erfüllt seinen Zweck zuverlässig (3)
6. Überschallknall und Flugzeugabsturz sind aufgrund der geographischen Lage ausgeschlossen
    a) Standard für einen EDV-Bereich (3)
    b) Keine Anschaffungskosten (Standortwahl) (1)
    c) Keine Unterhaltungskosten (1)
    d) Erfüllt seinen Zweck zuverlässig (3)
7. Sturmschäden sind unwahrscheinlich aufgrund der geographischen Lage
    a) Standard für einen EDV-Bereich (2)
    b) Keine Anschaffungskosten (Standortwahl) (1)
    c) Keine Unterhaltungskosten (1)
    d) Erfüllt seinen Zweck zuverlässig (3)
8. Fahrzeuganprall ist ausgeschlossen aufgrund der Straßenführung oder aufgrund mechanischer Barrieren
    a) Standard für einen EDV-Bereich (3)
    b) Evtl. erhöhte zusätzliche Anschaffungskosten (1, 2 oder 3)
    c) Keine Unterhaltungskosten (1)
    d) Erfüllt seinen Zweck zuverlässig (3)

9. Gasexplosion ausgeschlossen, da keine Gastanks im Gefahrenbereich vorhanden
   a) Standard für einen EDV-Bereich (2)
   b) Evtl. erhöhte zusätzliche Kosten durch Umrüstung (1 oder 3)
   c) Keine Unterhaltungskosten (1)
   d) Erfüllt seinen Zweck zuverlässig (3)

Zu II: (Gebäudebezogene Eigenschaften): $x_{7.2} =$
0,1: 0 der nachfolgend aufgeführten Punkte treffen zu
0,2: 1 der nachfolgend aufgeführten Punkte trifft zu
0,3: 2 der nachfolgend aufgeführten Punkte treffen zu
0,4: 3 der nachfolgend aufgeführten Punkte treffen zu
0,5: 4 der nachfolgend aufgeführten Punkte treffen zu
0,6: 5 der nachfolgend aufgeführten Punkte treffen zu
0,7: 6 der nachfolgend aufgeführten Punkte treffen zu
0,8: 7 der nachfolgend aufgeführten Punkte treffen zu
0,9: 8 der nachfolgend aufgeführten Punkte treffen zu

1. Die Räume sind eigens konzipiert für die Nutzung
   a) Standard für einen gut gesicherten EDV-Bereich (3)
   b) Erhöhte Anschaffungskosten (4)
   c) Keine Unterhaltungskosten (1)
   d) Erfüllt seinen Zweck zuverlässig (4)
2. Die Bodentragfähigkeit ist > 5.000 N/m²
   a) Standard für einen EDV-Bereich (2)
   b) Erhöhte Anschaffungskosten (3)
   c) Keine Unterhaltungskosten (1)
   d) Erfüllt seinen Zweck zuverlässig (3)
3. Die Staubgefahr ist reduziert (Bodenbeläge, Wände und Böden weitgehend abriebsfest)
   a) Standard für einen EDV-Bereich (2)
   b) Geringfügig höhere zusätzliche Anschaffungskosten (2)
   c) Keine Unterhaltungskosten (1)
   d) Erfüllt seinen Zweck zuverlässig (3)
4. Es sind bauliche/architektonische Maßnahmen bei der Gebäudeeinrichtung gegen Feuchte/Schimmel getroffen
   a) Standard für einen EDV-Bereich (2)
   b) Geringe Anschaffungskosten (2)

5.7 Sonstige sicherheitsrelevante Kriterien

    c) *Geringe Unterhaltungskosten (2)*
    d) *Erfüllt seinen Zweck zuverlässig (3)*
5. *Abhörsichere Räume errichtet*
    a) *Erfüllt hohe Anforderungen an einen EDV-Bereich (4)*
    b) *Höhere Anschaffungskosten (3)*
    c) *Keine Unterhaltungskosten (1)*
    d) *Erfüllt seinen Zweck zuverlässig (4)*
6. *Es handelt sich um ein Stahlbetongebäude*
    a) *Erfüllt erhöhte Anforderungen an einen EDV-Bereich (3)*
    b) *Höhere zusätzlichen Anschaffungskosten (4)*
    c) *Keine Unterhaltungskosten (1)*
    d) *Erfüllt seinen Zweck zuverlässig (3)*
7. *Die Rettungswege sind gut gesichert, aber auch gut erreichbar*
    a) *Erfüllt normale Anforderungen an einen EDV-Bereich (2)*
    b) *In der Planungsphase: Kaum Anschaffungskosten (1)*
    c) *Keine Unterhaltungskosten (1)*
    d) *Erfüllt seinen Zweck zuverlässig (3)*
8. *Es sind keine Gasleitungen im Gebäude vorhanden (Fernwärme, Ölheizung oder Elektroheizung)*
    a) *Erfüllt normale Anforderungen an einen EDV-Bereich (2)*
    b) *In der Planungsphase: Keine zusätzlichen Anschaffungskosten (1), sonst teurer (3)*
    c) *Keine Unterhaltungskosten (1)*
    d) *Erfüllt seinen Zweck zuverlässig (3)*

Zu III: (Technische Gegebenheiten): $x_{7,3} =$
0,2: Keiner der nachfolgend aufgeführten Punkte trifft zu
0,3: 1 der nachfolgend aufgeführten Punkte trifft zu
0,4: 2 der nachfolgend aufgeführten Punkte treffen zu
0,5: 3 der nachfolgend aufgeführten Punkte treffen zu
0,6: 4 der nachfolgend aufgeführten Punkte treffen zu
0,7: 5 der nachfolgend aufgeführten Punkte treffen zu
0,8: 6 der nachfolgend aufgeführten Punkte treffen zu
0,9: 7 der nachfolgend aufgeführten Punkte treffen zu

    1. *In jedem Raum sind amtsberechtigte Telefone vorhanden*
        a) *Standard für einen EDV-Bereich (2)*
        b) *Kaum zusätzliche Anschaffungskosten (2)*
        c) *Keine Unterhaltungskosten (1)*
        d) *Erfüllt seinen Zweck zuverlässig (3)*

2. Es gibt eine Rundrufanlage
   a) Standard für einen EDV-Bereich (2)
   b) Kaum zusätzliche Anschaffungskosten (2)
   c) Keine Unterhaltungskosten (1)
   d) Erfüllt seinen Zweck zuverlässig (3)
3. Die Klimaanlagen bauen in den Räumen einen leichten Überdruck auf, wodurch Stäube und Schadstoffeindringung von außen vermieden wird
   a) Erfüllt erhöhte Anforderungen an einen EDV-Bereich (3)
   b) Zusätzliche Anschaffungskosten (2)
   c) Kaum Unterhaltungskosten (1)
   d) Erfüllt seinen Zweck sehr zuverlässig (4)
4. Es ist eine Notbeleuchtung vorhanden
   a) Standard für einen EDV-Bereich (2)
   b) Kaum zusätzliche Anschaffungskosten (2)
   c) Keine Unterhaltungskosten (1)
   d) Erfüllt seinen Zweck zuverlässig (2)
5. Das Dach des EDV-Gebäudes ist nicht über ein Nachbargebäude erreichbar
   a) Standard für einen EDV-Bereich (2)
   b) Keine zusätzlichen Anschaffungskosten (Standortplanung) (1)
   c) Keine Unterhaltungskosten (1)
   d) Erfüllt seinen Zweck zuverlässig (3)
6. Ergonomisch optimale Beleuchtungsanlagen vorhanden
   a) Standard für einen EDV-Bereich (2)
   b) Kaum zusätzliche Anschaffungskosten (2)
   c) Keine Unterhaltungskosten (1)
   d) Erfüllt seinen Zweck zuverlässig (3)
7. Alle weiteren Arbeitsbereiche sind ergonomisch optimal ausgelegt
   a) Standard für einen EDV-Bereich, der hochwertig konzipiert ist (3)
   b) Evtl. erhöhte Anschaffungskosten (3)
   c) Keine Unterhaltungskosten (1)
   d) Erfüllt seinen Zweck sehr zuverlässig (3)

Zu IV: (Organisatorische und einrichtungsbezogene Belange): $x_{7.4} =$
0,1: 0 der nachfolgend aufgeführten Punkte treffen zu
0,3: 1 der nachfolgend aufgeführten Punkte trifft zu

5.7 Sonstige sicherheitsrelevante Kriterien

0,5: 2 der nachfolgend aufgeführten Punkte treffen zu
0,7: 3 der nachfolgend aufgeführten Punkte treffen zu
0,9: 4 der nachfolgend aufgeführten Punkte treffen zu

1. *Regelmäßige Reinigung und Kontrolle auf Ungeziefer und Ratten/Mäuse in allen Bereichen*
   a) *Standard für einen EDV-Bereich (2)*
   b) *Keine Anschaffungskosten (1)*
   c) *Kaum Unterhaltungskosten (1)*
   d) *Erfüllt seinen Zweck zuverlässig (2)*
2. *Streiks sind weitgehend ausgeschlossen*
   a) *Standard für einen EDV-Bereich (3)*
   b) *Keine Anschaffungskosten (1)*
   c) *Keine Unterhaltungskosten (1)*
   d) *Erfüllt seinen Zweck relativ zuverlässig (2)*
3. *Erlaubnisschein für feuergefährliche Arbeiten*
   a) *Standard für einen EDV-Bereich (2)*
   b) *Keine zusätzlichen Anschaffungskosten (1)*
   c) *Keine Unterhaltungskosten (1)*
   d) *Erfüllt seinen Zweck zuverlässig (3)*
4. *Der Doppelboden wird regelmäßig gereinigt*
   a) *Standard für einen EDV-Bereich (2)*
   b) *Keine Anschaffungskosten (1)*
   c) *Kaum Unterhaltungskosten (2)*
   d) *Erfüllt seinen Zweck zuverlässig (3)*

Zu V: (Versicherungstechnische Maßnahmen): $x_{7.5} =$
0,1: Es gibt keinerlei Versicherungsschutz
0,2: 1-2 der ersten 12 Punkte sind erfüllt
0,3: 3-4 der ersten 12 Punkte sind erfüllt
0,4: 5-6 der ersten 12 Punkte sind erfüllt
0,5: 7-9 der ersten 12 Punkte sind erfüllt
0,6: 10-12 der ersten 12 Punkte sind erfüllt
0,7: 1-12 sind (sinnvoll) erfüllt und > 8 der Punkte 13-27
0,8: 1-12 sind (sinnvoll) erfüllt und > 12 der Punkte 13-27
0,9: Alle der möglichen und evtl. benötigten Versicherungen sind in ausreichender Höhe abgeschlossen

1. *Elektronikversicherung*
2. *Elektronik-Betriebsunterbrechungs-Versicherung*

3. Elektronik-Mehrkostenversicherung
4. FI-Versicherung (= industrielle Feuerversicherung)
5. Feuer-Betriebsunterbrechungs-Versicherung
6. EC-Versicherung gegen die Gefahrengruppen a) bis k) (Innere Unruhen, Streik oder Aussperrung, böswillige Beschädigung, Fahrzeuganprall, Rauch, Überschallknall, Sprinklerleckage, Leitungswasser, Sturm, Hagel, Überschwemmung, Erdbeben, Erdsenkung, Erdrutsch, Schneedruck, Lawinen und Vulkanausbruch)
7. EC-BU-Versicherung
8. Gebäudeversicherung
9. Datenträger- und Geschäftsunterlagenversicherung
10. Versicherungen gegen Einbruch/Diebstahl, Sabotage und Vandalismus
11. BU-Versicherungen gegen Einbruch/Diebstahl, Sabotage und Vandalismus
12. Alle wichtigen und jeweils relevanten nachfolgend aufgeführten Punkte sind im FI- und FBU-Versicherungsschutz ausreichend berücksichtigt:
    - Dekontaminationskosten
    - Sachverständigenkosten
    - Aufräum-, Abbruch-, Feuerlösch-, Bewegungs- und Schutzkosten
    - Mehrkosten durch behördliche Wiederherstellungsbeschränkungen
    - Mehrkosten durch behördliches Wiederaufbauverbot
    - Preisdifferenzkosten
    - Abbruch-, Aufräumungs-, Abfuhr- und Isolierungskosten für radioaktiv verseuchte Sachen
    - Modelle
    - Muster
    - Bargeld, Urkunden und Wertpapiere
    - Gebrauchsgegenstände und Fahrzeuge von Dritten
    - Vorsorge
    - Nachhaftung = 25 %
    - Haftzeit = 12 Monate oder darüber
13. Computermißbrauchsversicherung
14. Haftpflichtversicherung
15. Feuerhaftungsversicherung

16. Umwelthaftpflichtversicherung
17. Rückwirkungsschäden-Versicherung
18. Maschinenversicherung
19. Bauleistungsversicherung bei Neu- und Umbauten
20. Leitungswasserversicherung
21. Leitungswasser-BU-Versicherung
22. Sturmversicherung
23. Sturm-BU-Versicherung
24. Glasbruchversicherung
25. Industrie-Rechtsschutzversicherung
26. Manager-Rechtsschutzversicherung
27. Montageversicherung

Aus diesen fünf Beurteilungskriterien berechnet sich die Gesamtnote X_7:

$$X_7 = (x_{7.1} \cdot x_{7.2} \cdot x_{7.3} \cdot x_{7.4} \cdot x_{7.5})^{1/5}$$

$$0{,}115 \leq X_7 \leq 0{,}9$$

5.8 Zusammenfassende Benotung der analysierten Risiken

Die verschiedenen Beurteilungskriterien gegen die anstehenden Gefahren

◆ Einbruch/Diebstahl, Sabotage und Vandalismus (X_1),
◆ Feuer und Verrauchung (X_2),
◆ Ausfall der Klimaanlagen oder deren Fehlfunktionen (X_3),
◆ Wasser (X_4),
◆ Stromausfall und Überspannung (X_5),
◆ Datenverlust (X_6) und
◆ Sonstige Gefährdungen (X_7)
sind hier quantitativ zusammengefaßt:

$$X_1 = (x_{1.1} \cdot x_{1.2} \cdot x_{1.3} \cdot \ldots \cdot x_{1.10} \cdot x_{1.11} \cdot x_{1.12})^{1/12}$$

$$X_2 = (x_{2.1} \cdot x_{2.2} \cdot x_{2.3} \cdot x_{2.4} \cdot x_{2.5} \cdot x_{2.6} \cdot x_{2.7})^{1/7}$$

$$X_3 = (x_{3.1} \cdot x_{3.2} \cdot x_{3.3} \cdot \ldots \cdot x_{3.6} \cdot x_{3.7} \cdot x_{3.8})^{1/8}$$

$$X_4 = (x_{4.1} \cdot x_{4.2} \cdot x_{4.3})^{1/3}$$

$$X_5 = (x_{5.1} \cdot x_{5.2} \cdot x_{5.3} \cdot x_{5.4} \cdot x_{5.5} \cdot x_{5.6})^{1/6}$$

$$X_6 = (x_{6.1} \cdot x_{6.2} \cdot x_{6.3} \cdots \cdot x_{6.7} \cdot x_{6.8} \cdot x_{6.9})^{1/9}$$

$$X_7 = (x_{7.1} \cdot x_{7.2} \cdot x_{7.3} \cdot x_{7.4} \cdot x_{7.5})^{1/5}$$

Die Benotung für die Gesamt-Gefährdung ($= G_g$) liegt wiederum beim geometrischen Mittel dieser 7 Einzelnoten:

$$G_g = (X_1 \cdot X_2 \cdot X_3 \cdot X_4 \cdot X_5 \cdot X_6 \cdot X_7)^{1/7}$$

$$0{,}12 \leq G_g \leq 0{,}90$$

Die abschließende, zusammenfassende Abb. 88 berücksichtigt diese sieben Gefährdungen bzw. auch die dagegen getroffenen Abwehr- und Vorsorgemaßnahmen; hier in diesem Beispiel sind primär X_1 und X_4 nachzubessern, um das Schutzniveau zu heben.

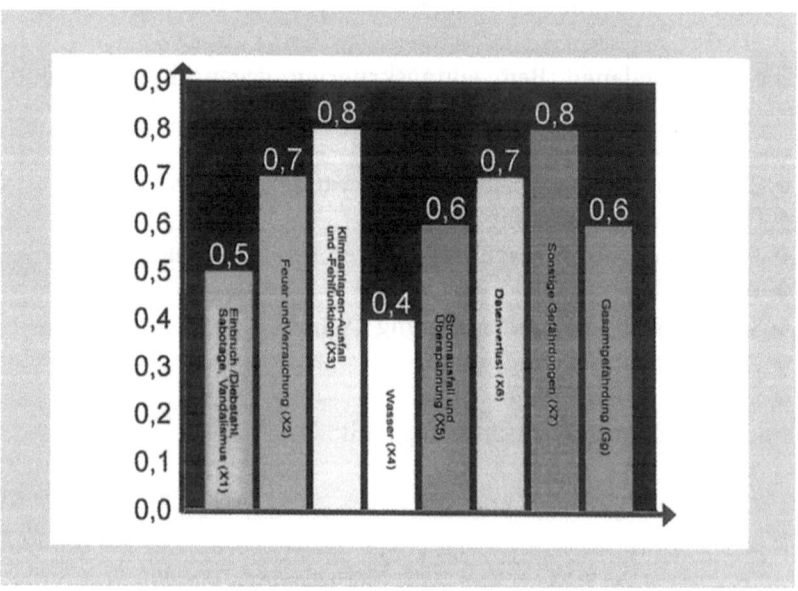

Abb. 88 Optische Darstellung der Gesamtgefährdungslage in einem konkreten Fall

5.8 Zusammenfassende Benotung der analysierten Risiken

Die effektivste sicherheitstechnische Verbesserung erreicht man durch Nachbesserung der größten Schwachstelle; dies gilt sowohl im Vergleich der verschiedenen sieben Beurteilungspunkte untereinander, als auch im Vergleich der einzelnen Unterpunkte jedes Beurteilungskriteriums. Beispielhaft hierzu sei die Gefahr Einbruch/Diebstahl, Sabotage und Vandalismus herausgegriffen. Die Abb. 89 zeigt ein fiktives Beispiel für diesen Gefahrenpunkt und dagegen getroffene Maßnahmen.

Die Abb. 90 zeigt eine Gesamtgraphik, wie jede einzelne Gefahr bei einer Analyse mit der vorgestellten Methode beurteilt wird und wie sich jede Einzelnote zusammensetzt.

So wird also sowohl aus der Gesamtbeurteilung aller Gefährdungen, als auch aus den Detailbeurteilungen aller einzelnen Unterpunkte der/die schwächste/n Punkt/e hervorgehoben. Eine Verbesserung erreicht dann ihre maximale Effizienz, wenn sie an der schwächsten Stelle greift, wie die nachfolgende Rechnung beweist.

Die Wahrscheinlichkeit für die Zuverlässigkeit eines aus x (x = 1, 2, 3 usw.) Komponenten bestehenden Systems berechnet sich wie folgt:

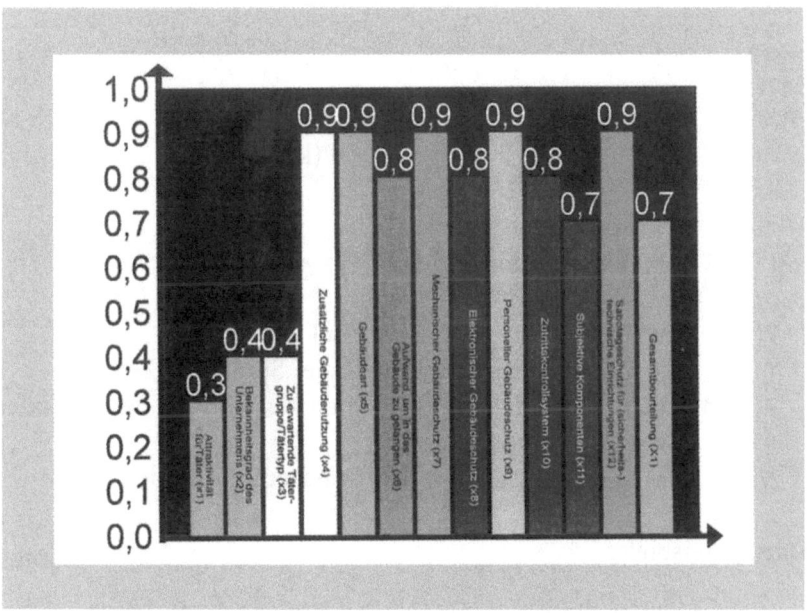

Abb. 89 Ergebnise der Beurteilung der ersten Gefahrengruppe in einem konkreten Fall

Abb. 90 Räumliche Darstellung der Gefährdungen anhand eines konkreten Beispiels

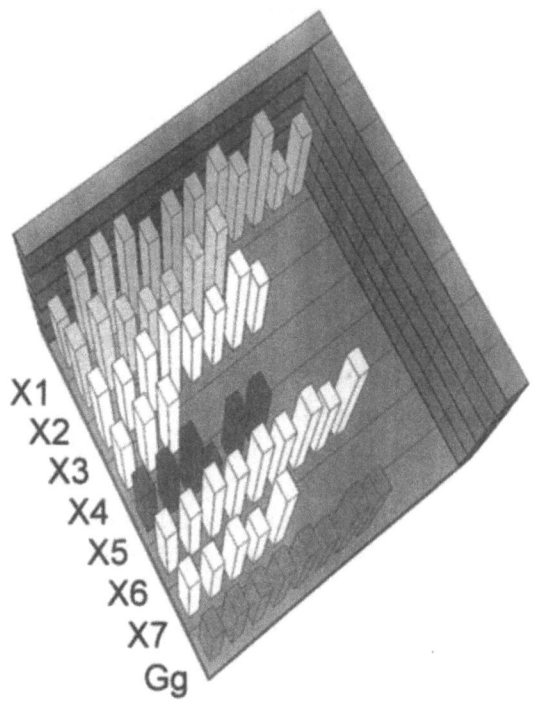

$$P(A) = 1 - \sum_{i=1}^{x} P(kA_i)$$

mit i, x ∈ N, in dem nachfolgenden Bsp.: x = 6

P(A)   = Wahrscheinlichkeit für Ausfall
Σ   = Symbol für das mathematische „Summen"-Zeichen
P(kA$_i$) = Wahrscheinlichkeit für keinen Ausfall vom Bauteil (oder von der Komponente) i
N   = Mathematisches Symbol für natürliche Zahlen

Dazu 3 Beispiele:

1. Die Wahrscheinlichkeit für keinen Ausfall ist bei allen sechs Komponenten 99,9 % (= 0,999).

5.8 Zusammenfassende Benotung der analysierten Risiken

2. Die Wahrscheinlichkeit für keinen Ausfall ist für fünf Komponenten 99,9 % (= 0,999) und für eine Komponente 99,0 % (= 0,99).
3. Die Wahrscheinlichkeit für keinen Ausfall ist 99,9 % (= 0,999) für vier Komponenten und für zwei Komponenten 94,0 % (= 0,94).

Zu 1.: $P(A) = 1 - 0,999^6 = 0,6$ % (ca.)

Zu 2.: $P(A) = 1 - 0,999^5 \cdot 0,990 = 1,5$ % (ca.)

Zu 3.: $P(A) = 1 - 0,999^4 \cdot 0,940^2 = 12,0$ % (ca.)

Das zweite Beispiel ist 2,5mal und das dritte Beispiel 20mal schlechter als das erste. Man erreicht also die beste Sicherheits-Verbesserung, wenn der/die schwächste/n Punkt/e verbessert wird/werden.

Die anstehenden Gefahren in einem Rechenzentrum sind sechs Gefahrengruppen und die nicht eindeutig zuordnungsbaren Gefahren einer siebten Gefahrengruppe zugewiesen worden.

50 Beurteilungspunkte berücksichtigen insgesamt 494 Kriterien, denen wiederum je 4 Fragen (mit je 4 Antwortmöglichkeiten) zugeordnet werden. Das ergibt 1.976 Einzel-Beurteilungen. Durch die Aufsplittung der Gefahren und der Gegenmaßnahmen einerseits sowie der damit machbaren Beurteilung bzw. Benotung andererseits zeigen sich Lücken und Schwachstellen, die daraufhin abgestellt bzw. angegangen werden können.

Damit ist ein Schema geschaffen, das den Anforderungen zur Beurteilung komplexer Hochsicherheitsbereiche gerecht wird für einerseits bestehende Rechenzentren, andererseits aber auch ein informatives Fundament für Neubau- und Standortplanung darstellt. Durch die Zuordnung von Noten zwischen 0,1 und 0,9 wird jede Situation bzw. jedes Risiko beurteilt. Damit wird ein direkter Vergleich aller Gefahrenarten untereinander möglich sowie auch der einzelnen Unterpunkte innerhalb einer Gefahr. Berücksichtigung finden die internen und externen Gefahren und auch die getroffenen verschiedenen Vorsorgemaßnahmen.

Die stochastischen Berechnungen zeigen, daß die Verbesserungen der größten Schwachstellen (so überhaupt möglich) die elementarsten sicherheitstechnischen Verbesserungen bringen. Die Anwendung des vorgestellten Schemas garantiert, daß keine eklatanten sicherheitstechnischen Belange bei Neu- oder Umbaumaßnahmen unberücksichtigt bleiben.

Nach dem vorliegenden Beurteilungsschema fällt jedem Kriterium die gleiche Bedeutung zu, es gibt keinerlei Wertungen (auch nicht durch die Reihenfolge) untereinander. Dies mag den Eindruck erwecken, daß weniger relevante Punkte (Bsp.: Wassersammelstellen im Boden) mit dem gleichen Gewicht in die Bewertung eingehen wie elementare Punkte (Bsp.: Vorhandensein einer Brandmeldeanlage). Durch die vier Beurteilungskriterien a)–d) nach jedem Kriterium wird jedoch ersichtlich, ob man eine Anschaffung unbedingt realisieren sollte bzw. muß, mit welchen ungefähren finanziellen Aufwand (incl. Folgekosten) und wie zweckmäßig und effektiv diese Maßnahme ist. Diese Kriterien sind quantitativ nicht objektiv erfaßbar.

Es ist das Anliegen des hier diskutierten Schemas, daß ein Sicherheits-Fachmann die Analyse qualifiziert vornimmt und er somit einen gewissen Spielraum hat, bestimmte Punkte als unbedingt notwendig darzustellen, auch wenn die Gesamtnote für diesen einen Punkt keine Verbesserung vorsieht.

Zum anderen ist zu erwähnen, daß elementare Forderungen (z. B. die nach einer automatischen Branddetektion) weitere Beurteilungspunkte nach sich ziehen; im Fall der Brandmeldeanlage sind es insgesamt 11 Fragen zur Branderkennung.

Darüber hinaus könnte noch eine Wertung der Kriterien X_1–X_7 untereinander eingeführt werden. Derartige Wertungen sind logischerweise auch innerhalb jedes Punktes denkbar. So könnte man z. B. die Gefahr „Feuer" in den sieben diskutierten Punkten Wertigkeiten zuordnen, siehe die nachfolgende Tabelle 11.

Auch gehen Punkte eines Bereichs mit wenig Unterpunkten (z. B. bei Wassergefährdung gibt es nur 3 Unterpunkte) dadurch mehr in die Gesamtnote ein als solche mit vielen Unterpunkten (z. B. bei Einbruch/Diebstahl, Sabotage und Vandalismus gibt es 12 Unterpunkte). Auch dies kann ggf. mit einem Multiplikationsfaktor (ähnlich einem solchen für die Wertung) korrigiert werden. Hierzu kann jedoch auch nicht auf objektivierbare, allgemein gültige Zahlen zurückgegriffen werden, deshalb ist der Versuch unterlassen worden.

Die Verteilung geschieht willkürlich, also individuell, nach persönlichen Einschätzungen und örtlichen Gegebenheiten. Im System A wird auf Branderkennung, Brandbegrenzung und Brandbekämpfung gleich viel Wert gelegt, System B hingegen versucht mit vorbeugenden Maßnahmen (Beurteilungskriterien 1–4 und 7 mit 90 %), die übrigen weniger wichtig erscheinen zu lassen (Beurteilungskriterien 5 und 6

5.8 Zusammenfassende Benotung der analysierten Risiken

Tabelle 11 Unterschiedliche Wertungen der sieben Beurteilungskriterien zueinander

Beurteilungskriterien	System A	System B
1. Brandlastminimierung	0,1 = 10 %	0,15 = 15 %
2. Zündquellenminimierung	0,1 = 10 %	0,15 = 15 %
3. Branderkennung	0,2 = 20 %	0,25 = 25 %
4. Brandbegrenzung	0,2 = 20 %	0,25 = 25 %
5. Brandbekämpfung	0,2 = 20 %	0,10 = 10 %
6. Minimierung der Betriebsunterbrechung	0,1 = 10 %	0,05 = 5 %
7. Äußere Parameter und organisatorische Maßnahmen	0,1 = 10 %	0,05 = 5 %
Summe	1,0 = 100 %	1,00 = 100 %

mit lediglich 10 %). Das System A hingegen hat hier eine Relation von 70 % zu 30 %. Ob nun eines von beiden besser/richtig(er) ist oder jedes für seinen Einsatzzweck, kann pauschal nicht gesagt werden, deshalb will diese Arbeit derartige Vorgaben nicht treffen.

Dennoch soll sich jeder, der ein Unternehmen derart sicherheitstechnisch diskutiert, überlegen, welche Gefahren welchen maximalen Schaden anrichten können. Durch Sabotage und Feuer lassen sich oftmals größere Schäden anrichten als durch Ausfall der Klimatisierung, Stromunterbrechungen oder Wasser; demzufolge müssen auch hier finanzielle und personelle Prioritäten gesetzt werden. Ansonsten gilt auch hier die gleiche Aussage wie im zuletzt gezeigten Schema. Ob das System C oder D in der nachfolgenden Tabelle 12 oder eine andere Verteilung richtig ist, kann pauschal nicht vorgegeben werden.

Tabelle 12 Unterschiedliche Wertungen der sieben diskutierten Gefahrengruppen

Gefährdungen	System C	System D
Einbruch/Diebstahl, Sabotage und Vandalismus	20 %	10 %
Feuer und Verrauchung	30 %	25 %
Ausfall und Fehlfunktion der Klimatisierung	15 %	20 %
Wasser	5 %	3 %
Stromausfall und Überspannungen	15 %	20 %
Datenverlust	10 %	20 %
Sonstige Gefährdungen	5 %	2 %
Summe	100 %	100 %

6 Sicherheitsmanagement: Organisation und Realisierung der sicherheitstechnischen Maßnahmen

Um den ursprünglich gewünschten sicherheitstechnischen Stand gewährleistet zu erreichen, ist nicht nur das einmalige, anfänglich geplante Schutzkonzept zu erstellen; die permanente Kontrolle, ggf. auch Änderungen und Abstimmungen während und auch nach der Einrichtungen ist dazu ebenfalls notwendig.

Das Schema in der nachfolgenden Tabelle zeigt graphisch an, welche Schritte in welcher Reihenfolge von welchen Personen bzw. Gruppen zu realisieren sind, um den sicherheitstechnischen Anforderungen gerecht zu werden.

Wichtig bei einem derartig komplexen Vorhaben ist, daß in einem ersten Schritt alle sicherheitstechnischen Anforderungen gesammelt und geordnet werden; anschließend gilt es, sie aufeinander abzustimmen, um vorhersehbare technische Probleme vorab zu lösen. Baubegleitende Kontrollen von Architekten und den gesamtverantwortlichen Sicherheitsingenieur, der der Geschäftsleitung direkt unterstellt sein soll, sorgen für die Einhaltung von Zeitplan, Qualität des Materials, Qualität der Arbeit und einem Ist-/Soll-Vergleich (d. h. Vergleich der Ausschreibung mit dem Resultat).

Aus der nachfolgenden Tabelle 13 geht aufgrund der Häufigkeit der Erwähnung die Bedeutung der Anwesenheit des leitenden, gesamtverantwortlichen Sicherheitsingenieurs bei allen Schritten (besonders: die ständigen Kontrollen) hervor: Sowohl in der Planung, als auch während der Errichtung und bei der Abnahme ist seine Anwesenheit und Überprüfung notwendig.

Die ständige sicherheitstechnische Kontrolle geht von der tivialen Überprüfung von Qualitätsstandards und über bauliche Kontrollen (z. B. die korrekte Kabelverlegung) hin zu funktionalen und technischen Kontrollen.

Tabelle 13 Schema zum übersichtlichen Aufzeigen der Schritte (vertikal) und der jeweils dafür zuständigen Personen (horizontal) sowie der zeitlichen Einteilung

Aufgabe	Ausführende Personen bzw. Gruppen/Teams	Zeitplan/Häufigkeit
A	a), b), c), d)	Anfang/1mal
B	b), d), e)	nach A)/1mal pro Woche
C	b), d)	nach A)/1mal
D	b)	nach C)/1mal
E	d)	ab Baubeginn/täglich
F	b)	ab Baubeginn/1mal pro Woche
G	b), d)	Übergabe/Endabnahme (1mal)

A = Erstellung des architektonischen und des sicherheitstechnischen Plans
B = Gegenseitige Abstimmung der sicherheitstechnischen und technischen Gewerke untereinander und miteinander (Schnittstellenprobleme, technische und/oder wirtschaftliche Kompromisse)
C = Ausschreibung und Auftragsvergebung
D = Vertragsvergabe mit bindenden Anforderungen an die Sicherheitstechnik, Qualität, Leistungen, Termine und Preise
E = Baubegleitende Kontrolle des Architekten hinsichtlich Zeitplan, Material, Qualität, Ist-/Soll-Vergleich
F = Baubegleitende Kontrolle des leitenden Sicherheits-Ingenieurs hinsichtlich Zeitplan, Material, Qualität, Ist-/Soll-Vergleich
G = Endkontrolle/Abnahme des Gebäudes (Architekt) und seiner sicherheitstechnischen Einrichtungen (leitender Sicherheits-Ingenieur)
a) = Bauherr
b) = Leitender Sicherheitsingenieur
c) = Sicherheitstechnischer Beratungsstab
d) = Leitendes Architekturbüro (mit Bauplanung)
e) = technische/sicherheitstechnische Fachplaner
f) = Ausführende Unternehmen

Um während der Bauphase auftretende Probleme (z. B. technischer oder wirtschaftlicher Art) derart zu lösen, daß das ursprünglich geforderte Niveau an Schutzwirkung nicht reduziert wird, sind regelmäßige Treffen (ideal: einmal regelmäßig pro Woche, bei besonderen Problemen auch spontan) sinnvoll. Bei diesen Treffen sollen verantwortliche Mitarbeiter aller technischen Bereiche (Klimatechnik, Elektrotechnik, Wasserversorgung, sicherheitstechnische Einrichtungen, Architekt, Bauleitung, Sicherheitsplaner, Sicherheitsingenieur usw.) vertreten sein; dabei können bereichsübergreifende Probleme (z. B. baulicher Art), die sich erst im Verlauf des Baus zeigen, angesprochen und geklärt werden.

Die sensiblen EDV-Geräte sollen erst nach Abschluß der Bauarbeiten und nach abgeschlossener Reinigung aufgebaut werden. Die Klimatisierung soll bereits mehrere Tage ohne Unterbrechung und ohne Fehlfunktion gearbeitet haben.

7 Sicherheitsgerechter EDV-Betrieb

Zum umfassenden sicherheitsgerechten Betreiben eines Hochsicherheitsbereichs gehören die sicherheitstechnischen Bestandteile und Vorschriften sowie deren organisatorische Einhaltung und Erhalt einerseits und der eigentliche Betrieb in den Räumlichkeiten nach sicherheitsgerechten Gesichtspunkten andererseits.

Das Verhalten jedes Mitarbeiters trägt zum Gesamterscheinungsbild des personellen Sicherheitskonzepts und zu dessen Effektivität bei. Nach vielen Untersuchungen sind nahezu alle betrieblichen Unfälle dem menschlichen Fehlverhalten zuzuordnen. Der Schulung der Mitarbeiter kommt demnach eine wesentliche Bedeutung zum gesamtheitlichen Sicherheitskonzept zu. Die für die Datensicherung verantwortlichen Mitarbeiter müssen darüber hinaus ihren für den gewöhnlichen Alltag nutzlosen Aufgabenbereich sehr gewissenhaft und fachlich fundiert durchführen.

Da Sicherheit und sicherheitstechnische Auflagen nicht zur eigentlichen Produktivität des jeweiligen Unternehmens beitragen und auch kein Selbstzweck sein dürfen, andererseits jedoch das Unternehmen vor Ausfall und Betriebsunterbrechungen schützen können, muß deren Ausübung von den Mitarbeitern akzeptiert, die Vorschriften eingehalten und dies auch von Vorgesetzten kontrolliert werden. Dies läßt sich nur dann erreichen, wenn das entworfene Schutzkonzept vorgestellt und erläutert und mit den betreffenden Mitarbeitern besprochen und diskutiert und in Details auch geändert wird; im Falle der Nichtakzeptanz werden sicherheitsbezogene Auflagen im Laufe der Zeit nicht mehr beachtet oder hintergangen und damit nutzlos.

Das Sicherungs- und Auslagerungskonzept für die Datenträger soll nach einer entsprechenden Beschädigung (Brand, Datenträgerausfall usw.) dazu beitragen, daß mit den gesicherten Daten auf der selben

Anlage, ausgerüstet mit neuen Datenträgern, oder auch auf einer anderen, identischen EDV-Anlage, nach Datenüberspielung wieder ohne Beeinträchtigung gearbeitet werden kann. Dieses Ziel ist in der Praxis relativ schwierig zu erreichen, denn komplexe Anlagen, unterschiedliche Programme und Datenträger, unvorhersehbare Leseprobleme und Kompatibilitätsprobleme zwischen Datenträgermedien und Leseeinheiten, Übertragungsproblemen von einem Medium (z. B. Band) auf ein anderes (z. B. Platte), hausinterne Probleme und anderes erschweren den reibungslosen Wiederanlauf erfahrungsgemäß.

Die Rechenzentrums-Benutzerordnung (= RZ-BO) regelt den ordnungsgemäßen und sicherheitsgerechten Betriebsablauf während der Arbeitszeit, also im Normalfall; organisatorische und personelle Entscheidungen und Handlungen in Notsituationen finden hier keine Berücksichtigung.

In der RZ-BO finden sich für die verschiedenen Aufgaben und Bereiche:

- Arbeitsabläufe
- Arbeitsanweisungen
- Kompetenzen
- Berechtigungen und Einschränkungen für Zeitabläufe und Raumzugänge
- Sicherheitsbestimmungen

Die RZ-BO ist als Arbeitsanweisung für Mitarbeiter des Rechenzentrums zu sehen. Es werden die Aufgaben sowie die Art der Ausführung beschrieben. Dabei muß von einer entsprechenden Grundausbildung ausgegangen werden, damit Details zu bestimmten Abläufen nicht erwähnt werden. Die sicherheitstechnischen Vorschriften jedoch sollen ausführlich aufgelistet und zum Teil auch begründet bzw. erläutert werden. Einerseits sind so triviale Anweisungen wie die Einhaltung von Rauchverboten zu nennen, auf der anderen Seite gilt es auch, Details wie z. B. der Transport (Zeit, Weg, Transportbehälter, Häufigkeit, Ort) von Sicherungsbändern.

Die Einhaltung der sicherheitstechnischen Auflagen muß jeder Mitarbeiter durch Unterschrift bestätigen.

Laut unterschiedlichen Untersuchungen sind nur 15 % der EDV-Datenträger sicherheitstechnisch korrekt archiviert. Die Datensiche-

7 Sicherheitsgerechter EDV-Betrieb

rung und Datenlagerung ist eines der wichtigen Bestandteile für den schnellen Wiederanlauf nach einer Katastrophe.

Die Datensicherung dient ausschließlich dem Zweck, bei Ausfall eines Primärdatenträgers (z. B. Lesefehler auf der Platte/dem Band im Computer) oder bei Ausfall des Computers (z. B. Brand, Sabotage) die dadurch verlorengegangen elektronisch gespeicherten Informationen (Programme und Daten) wieder auf eine Anlage aufzuspielen. Dazu ist vorab festzustellen, wie aktuell die duplizierten Daten sein müssen, um mit ihnen für das Unternehmen vernünftig weiterzuarbeiten. Es mag Unternehmen geben, die mit 24 Stunden alten Daten ohne Probleme einen Wiederanlauf starten können (z. B. wenn sich pro Tag nur wenig oder wenig relevantes oder leicht rekonstruierbares verändert); andere Unternehmen wie Banken und Versicherungen können bereits mit nur wenige Stunden alte Sicherungsbändern nur bedingt weiterarbeiten.

Vorab ist also festzustellen, welche Priorität die Aktualität der Sicherungsdaten hat; im Anschluß daran ist die Quantität und die Art der Datensicherung zu bestimmen, siehe die nachfolgende Tabelle 14.

In Absprache mit dem Softwarelieferanten läßt sich das geeignete Sicherungsverfahren und die hierfür am besten geeigneten Datenträger (Bänder, konventionelle oder optische Platten, Cartriges) festlegen.

Auch gesicherte Daten können fehlerhaft sein, deswegen sollte es immer mehrere Duplikate geben. Es empfiehlt sich, die Sicherungen nach dem sog. Generationsprinzip („Großvater - Vater - Sohn") durchzuführen, d. h. es sind mindestens drei komplette, aufeinander folgende Sicherungen mit zunehmender Aktualität vorhanden. Die aktuelle

	Mit ... alten Sicherungsdaten kann ein Notbetrieb laufen	Priorität
Tabelle 14 Bestimmung der Wichtigkeit der Aktualität der Sicherungsdaten	0-2 Stunden	höchste Stufe *)
	> 2-4 Stunden	sehr hohe Stufe
	> 4-8 Stunden	hohe Stufe
	1-2 Tage	erhöhte Stufe
	3-5 Tage	normale Stufe
	1-2 Wochen	geringe Stufe
	> 2-4 Wochen	sehr geringe Stufe
	1 Monat oder älter	keine Priorität **)
	*) nur mit Spiegelsystemen erreichbar **) unüblich bzw. unwahrscheinlich	

Sicherung geschieht immer auf die Datenträger der ältesten Sicherung.

Je nach Umfang der Datenmengen kann eine Sicherung mehrere Stunden in Anspruch nehmen und da die Anlage während dieser Zeit nicht betrieben werden kann (d. h. die Neueingabe oder Abfrage ist nicht möglich), können Überschneidungsprobleme entstehen: Muß nach der höchsten Prioritätsstufe gesichert werden (z. B. spätestens alle 2 Stunden), ein Sicherungslauf dauert aber mehrere Stunden, kann ein konventionelles Sicherungskonzept nicht funktionieren. In diesen Fällen kann nur eine sog. Duplexanlage (d. h. eine identische EDV-Anlage, aufgestellt in einem räumlich getrennten, eigenen Komplex), die zeitgleich mit dem eigentlichen Rechner alle Daten übermittelt bekommt, den Anforderungen genügen.

Es gibt verschiedene Möglichkeiten, Daten zu sichern. Sinnvoll ist eine Komplettsicherung nur dann, wenn der Faktor Zeit keine Bedeutung hat, z. B. weil die Sicherung sehr schnell abläuft oder an arbeitsfreien Tagen; andernfalls soll es z. B. einmal wöchentlich eine Komplettsicherung der veränderten Daten geben und täglich lediglich der Daten, die an diesem Tag geändert wurden.

Im Katastrophenfall werden die Komplettsicherungen (Monatssicherung) auf die Ausweichanlage gespielt und im Anschluß daran die Wochen- und Tagessicherungen eingelesen und somit die nicht mehr aktuellen Daten auf den Monats-, Wochen- und Tagessicherungen überspielt und aktualisiert.

Ein Sicherungskonzept kann wie folgt aufgebaut sein und wie in der nachfolgenden Tabelle 15 dargestellt gelagert werden:

◆ Monatliche Komplettsicherung aller Daten und Programme (1 : 1)
◆ Wöchentliche Komplettsicherung aller Daten, ohne die Programme
◆ Tägliche Sicherung (ein- oder zweimal) aller Daten, die sich seit der letzten Sicherung verändert haben

Tabelle 15 Auslagerung der Sicherungsdaten

Auslagerungsort	Inhalt
am/im RZ	je 1 Monatssicherung
	je 2 Wochensicherungen
anderer Komplex	je 5 Tagessicherungen
Bank oder ähnliches	1 Monats- und Wochensicherung

Die einfachste Form der Sicherung besteht in der Komplettsicherung aller vorhandener Daten (Programme und veränderbare Daten); ein Sicherungskonzept sieht dann wie folgt aus:

- Komplettsicherung am Mo., Lagerung im Komplex I
- Komplettsicherung am Di., Lagerung im Komplex II
- Komplettsicherung am Mi., Lagerung im Komplex III
- Komplettsicherung am Do., Lagerung im Komplex I
- Komplettsicherung am Fr., Lagerung im Komplex II
- Komplettsicherung am Mo., Lagerung im Komplex III usw.

Anspruchsvollere Sicherungsläufe, die z. B. aus zeitlichen Gründen keine permanenten Komplettsicherungen erlauben, könnten wie folgt aussehen:

- Monatssicherung, Lagerung im Komplex I
- Tagessicherungen (Mo.–Fr.), Lagerung im Komplex I
- Wochensicherung (Sa.), Lagerung im Komplex I
- Tagessicherungen (Mo.–Fr.), Lagerung im Komplex II
- Wochensicherung (Sa.), Lagerung im Komplex II
- Tagessicherungen (Mo.–Fr.), Lagerung im Komplex I
- Wochensicherung (Sa.), Lagerung im Komplex III
- Tagessicherungen (Mo.–Fr.), Lagerung im Komplex II
- Wochensicherung (Sa.), Lagerung im Komplex I

Im Anschluß daran beginnt das System von vorne, jedoch wird die Monatssicherung im Komplex II und bei dem nächsten Durchlauf im Komplex III gelagert. Die Wochensicherungen sind abwechselnd in den Bereichen I, II und III auszulagern. Die Tagessicherungen werden lediglich auf die Komplexe I und II verteilt. Die Monatssicherungen werden also nach diesem System abwechselnd im Komplex I, II und II gelagert; im Anschluß daran wird die älteste Sicherung (Komplex I) überspielt. Ebenso verhält es sich bei den Wochensicherungen: In der 4. Woche werden die Bänder des Komplexes I aktualisiert. Die Tagessicherungen sind wochenweise in Komplex I oder II aufbewahrt, im Komplex III werden nur Monats- und Wochensicherungen aufbewahrt.

Alternativ zu diesem Konzept kann auch auf einen dritten Auslagerungsplatz verzichtet werden; dann empfiehlt es sich jedoch, die beiden vorhandenen außerhalb des Gefahrenbereichs des Rechenzentrums zu verlegen (durch die Originaldaten gibt es dann immer noch drei Aufbewahrungsorte für Datenträger).

Voraussetzung für die sicherheitsgerechte Datensicherung und Datenauslagerung zum problemlosen Wiederanlauf sind die folgenden Punkte (Erläuterungen im Anschluß) für die Datenauslagerungsräume:

◆ Klimaanlage mit Überwachung
◆ Rauchdichte und feuerbeständige Datensicherungsschränke
◆ Brandschutzkonzept
◆ Einbruchschutz
◆ Zutrittsregelung
◆ Kontrolle der Sicherungsläufe
◆ Geeignete Datenträger-Transportbehälter

Datenträger müssen zum Datenerhalt in bestimmten klimatischen Bedingungen (Temperatur- und Feuchtegrenzen) gelagert werden. Um bei einem Brand oder bei Staub- und Rußpartikelchen in der Luft eine Beschädigung der Datenträger zu vermeiden, sind diese in Datensicherungsschränken aufzubewahren. Ein Brandschutzkonzept, das bauliche, organisatorische, vorbeugende und abwehrende Brandschutzmaßnahmen berücksichtigt, verhindert bzw. erschwert einen Brandausbruch im Gefahrenbereich des Datensicherungsschranks. Hard- und Software sowie Gebäude sind oft leicht und relativ schnell wiederzubeschaffen, die elektronisch gespeicherten Daten oft aber nicht, deshalb ist der Schutz allgemein, insbesondere aber der Brandschutz im Datenarchiv sehr wichtig.

Um mutwillige Sachbeschädigung an den Datenträgern oder deren Diebstahl zu verhindern bzw. rechtzeitig gemeldet zu bekommen, soll der Raum mechanisch stabil gesichert sowie mit Einbruchmeldern (Bewegungsmeldern und Außenhautüberwachung) versehen sein.

Ein Zutrittskontrollsystem mit Protokollierung gewährleistet nur den Berechtigten personen den Eintritt. Um die regelmäßigen und vorgeschriebenen Sicherungskopien zu erstellen, sind diese von der jeweils verantwortlichen Person in ein Buch einzutragen und mit Unterschrift verbindlich zu protokollieren; diese Eintragungen sollen auch täglich geprüft werden.

Der Transport der Sicherungskopien soll in geeigneten Behältern stattfinden. Geeignet bedeutet, daß klimatische Abweichungen (Temperatur und/oder Feuchte) nur stark verzögert oder nicht nach innen geleitet werden. Diese Behälter müssen auch schädliche Sonnenstrahlen oder Regen abhalten.

8 Organisatorische Schritte zur permanenten Beibehaltung des Niveaus des ursprünglich entworfenen Sicherheitskonzepts

Die notwendigen Schritte gliedern sich in personelle Bereiche wie Auswahl und Schulung der Mitarbeiter, in technische Bereiche wie Wartung, Nachrüstung und Unterhalt der Anlagen sowie in bauliche Bereiche.

Das einmal entworfene Sicherheitskonzept genügt nicht den Anforderungen: Die Realisierung muß verfolgt und verglichen werden, die Mitarbeiter müssen sich an die Arbeitsanweisungen halten; in einem größeren Schadenfall bzw. in/nach einer Katastrophe sind geeignete Schritte zu gehen, um den Normalzustand möglichst schnell und möglichst preiswert wiederherzustellen.

Doch während des normalen Betriebs sind organisatorische Schritte in personeller und technischer Richtung zu gehen, um den anfänglichen Stand der Sicherheitstechnik zu halten. Durch Vergeßlichkeiten, neue, noch nicht geschulte Mitarbeiter oder durch Nachlässigkeit, letzteres beruhend auf mangelnde persönliche Schadenerfahrung, wird das sicherheitstechnische Wissen der Mitarbeiter reduziert. Eine Risikoanalyse ist nie zu Ende, da jedes System einem Lebenszyklus unterliegt und immer wieder neue Erkenntnisse und Gegebenheiten Berücksichtigung finden müssen.

Ist der überprüfbare und kritisch geprüfte Sicherheitszustand optimal erreicht, so können weitere Investitionen gegen die jeweilige(n) Gefährdung(en) das Level der Sicherheit nicht zusätzlich erhöhen. Aber auch die lediglich Erneuerung bzw. der Austausch von technischen Systemen verbessert nicht zwangsläufig die Sicherheit: Modernisierte Technik mag in einem Bereich Verbesserungen bringen, andere Bereiche können jedoch eklatant verschlechtert werden. Davon unberührt bleibt die sinnvolle Erneuerung technisch veralterter Einrichtungen; so hat beispielsweise ein passiver Infrarot-Bewegungsmelder einer Einbruchmeldeanlage eine berechnete Lebensdauer von 100.000 Stunden oder ca. 11,5 Jahren. Gefahrenmeldeanlagen (Melder und Zentrale) werden auch deshalb in der Regel nach 10 Jahren erneuert.

Das rechtzeitige Eingreifen in die Planung der mittelfristigen Nutzung aus sicherheitstechnischen Gründen ist ein wesentlicher Beitrag zur Erhöhung der Sicherheit. Will man das anfänglich hohe Sicherheitsniveau halten, so dürfen nicht später folgende Umbauten diese reduzieren, ein sehr häufiger und gravierender Fehler bei Planungen. Anbau, Aufstockung, Nachrüstungen und Nutzungsänderungen sollen miteingeplant und sicherheitstechnisch ohne Bedenken vollzogen werden können.

8.1
Menschliche Aspekte

Die Ursachen für Betriebsunfälle sind nach umfangreichen Untersuchungen zu 85 % in ungenügender Aufmerksamkeit und in über 10 % in der Mißachtung von Vorschriften zu suchen (Mehrfachnennung möglich); andere Untersuchungen weisen fast 100 % dem Menschen zu. Als Grund von Datenverlust gibt eine Untersuchung bei 75 % die menschliche Fahrlässigkeit an. Der Mensch ist demnach die größte Schwachstelle. Während die Abwehr von Unfällen weitgehend in der Macht jedes einzelnen steht, treffen dessen wirtschaftliche Auswirkungen das Unternehmen. Deshalb muß bei der Gefahrenabwehr und -reduzierung dem Faktor Mensch und dessen Aus- und Weiterbildung ein wichtiger Stellenwert beigemessen werden. Auch wenn 80 %–98 % aller menschlichen Fehler bei normalen Kontrollen und Inspektionen entdeckt werden, von den übersehenen Fehlern haben nur 20–30 % signifikante Auswirkungen.

Allein die betrieblichen Unfälle durch Alkohol werden auf 5–25 % geschätzt; auch dies ist ein gesellschaftliches Problem, das es ebenfalls bei den im RZ angestellten Mitarbeitern zu beachten gibt.

Der Motivation und Eigenverantwortlichkeit der Mitarbeiter soll genügend Bedeutung zugeordnet werden. Vorschriften werden eher befolgt, wenn sie als sinnvoll erachtet werden. Sicherheit darf nicht oktruiert, sie muß integriert werden. Auch darf Sicherheit nicht stören, sie muß zwangsläufig funktionieren. Dem menschlichen Verhalten entspricht die Bildung eines Risikobewußtseins. Mitgestaltung, betriebliches Vorschlagswesen, Erläuterung der Zusammenhänge von Arbeitsplatz und Sicherheit sowie der Vorschriften sind dazu

8.1 Menschliche Aspekte

dienlich. Anreize sollen positiv und nicht negativ (Abschreckung) sein.

Voraussetzung für sicherheitsgerechtes Verhalten sind drei grundlegende Dinge:

1. Information über die Gefahren
2. Motivation zum sicherheitsgerechten Verhalten
3. Auslese, Training und Ausbildung der Mitarbeiter

Zu Punkt 1 wäre anzufügen, daß es unterschiedlich gefährdete Arbeitsplätze und Aufgabenbereiche gibt. So ereignen sich ca. 20 % aller berufsbedingten Unfälle an nur 1 % der Arbeitsplätze und 80 % aller Unfälle lediglich an 20 % aller Arbeitsplätze.

Dazu im nachfolgenden ein Beispiel aus der Praxis. Die Einführung einer Arbeitssicherheitsprämie in einem Konzern wirkte sich in den ersten 4 Jahren wie folgt aus: Nach 1 Jahr gab es 45 % weniger Unfälle und in den nächsten Jahren, jeweils zum Vorjahr gesehen, 20, dann 15 und zuletzt 10 % weniger Unfälle.

Auch ist die richtige Arbeitsbelastung individuell unterschiedlich zu beurteilen (vgl. den o. a. Punkt 3). Werden Mitarbeiter durchschnittlich, ihren Fähigkeiten entsprechend belastet, ist ihre Fehlleistung minimal und die Effizienz ihrer Arbeitsleistung maximal. Eine intellektuelle Unterforderung (Monotonie, Ermüdung) führt zu einem Ansteigen der Fehlleistungen ebenso wie eine Überforderung (Erregung, Stress).

Das Unfallrisiko sinkt mit der Zugehörigkeit zum Unternehmen und damit mit der Vetrautheit der Umgebung und des Aufgabenbereichs. Das Unfallrisiko eines neuen Mitarbeiters sinkt in den ersten 3 Monaten von 5 auf 0,1 %.

Die Stimmung in der Belegschaft ist ein wichtiger Parameter für die Effektivität der Arbeitsleistung und die Qualität der Arbeitsergebnisse. Als ein Parameter kann die Fluktuationsrate dienen:

$$\text{Fluktuationsrate} = \frac{\text{Anzahl Kündigungen im Jahr}}{\text{Anzahl Mitarbeiter im Jahr}}$$

Wenn die Stimmung im Unternehmen schlecht ist, steigt die Fluktuation und damit auch die Anzahl der Arbeitsunfälle und die Qualität der Arbeit läßt nach.

Jährlich regelmäßig stattfindende Informationen, Schulungen, praktische Übungen usw. sollen das richtige Verhalten in unüblichen Situationen wie Bränden, Bombendrohungen, Verrauchungen, Überschwemmung usw. ebenso wie alltäglich richtiges Verhalten lehren.

In der Rechenzentrums-Benutzerordnung, die jeder Mitarbeiter gelesen haben muß und dies per Unterschrift bestätigt hat, stehen Verhaltensregeln für den ordnungsgemäßen Betrieb. Jährliche Unterweisungen über richtiges Vorgehen bei Bränden (siehe nachfolgendes Kästchen) bilden den wichtigsten Teil der Schulung.

> *Sind Menschen in Gefahr? – Wenn ja und möglich, retten*
> *Brand melden – Druckknopfmelder*
> *Brand bekämpfen – Richtiges Löschmittel wählen*
> *Löscher richtig einsetzen*
> *Möglichst den gesamten Bereich stromlos schalten*
> *Anschließend Schadeningenieur verständigen*

Kurzgefaßtes, richtiges Vorgehen bei Bränden mit für den Anwender wichtigen Hinweisen

Zu den organisatorischen Schritten zählt weiter eine Auswertung bzw. ein Vergleich der täglich erlebten Praxis mit der ursprünglich geplanten Theorie:

- ◆ Sind geplante Sicherheitseinrichtungen, z. B. das Zutrittskontrollsystem, den Bedürfnissen angepaßt?
- ◆ Gibt er Ergänzungen zu den sicherheitstechnischen Einrichtungen?
- ◆ Gibt es effektivere, preiswertere oder bessere Alternativen zu vorhandenen Einrichtungen?
- ◆ Stellen Alternativen den gleichen sicherheitstechnischen Stand dar?

Ein weiterer Aspekt der personellen Ausbildung beruht in der Auswahl und Instruierung des Reinigungspersonals. Wer Elektronikräume reinigt, muß über gewisse Dinge wie Wirkung von Wasser, Korrosionsschäden bei agressiven Putzmitteln usw. bescheid wissen und auch dahingehend informiert werden, daß jede Beschädigung ohne disziplinarische Folgen bleibt, wenn sie umgehend gemeldet wird.

Eine große Bedeutung fällt dem gesamten Bereich der Arbeitsplatzgestaltung zu. Richtige Farbgebung, Beleuchtung, Bodenbelag, Treppengestaltung, Stolperschwellen, Alter, Geschicklichkeit (ideal sind 20-40jährige Mitarbeiter) und vieles mehr steuert dazu bei, daß die richtigen Mitarbeiter sich richtig verhalten und ein Minimum an Fehlern produzieren, aus denen größere Schäden entstehen können.

Ein Faktor zur arbeitsplatzgestaltenden Sicherheitserhöhung ist die richtige Beleuchtung. Die Leistungsfähigkeit steigt und die Anzahl der produzierten Fehler sinkt bei größerer Beleuchtungsstärke. Eine Erhöhung von 1.000 auf 1.100 Lux bewirkt ca. 10 % mehr Leistung bei gleichzeitig über 20 % weniger Fehlern. Gute Beleuchtungsbedingungen sind demnach eine wesentliche Voraussetzung für gute, schnelle und sichere Arbeit, da Wohlbefinden und Leistungsbereitschaft gesteigert werden. Ebenso wirkt sich schlechte Klimatisierung negativ auf die Arbeitsmoral und damit Arbeitsqualität der Mitarbeiter aus.

Physiologische Erkenntnisse über Leistungshochs (8-10 Uhr und 19-21 Uhr) müssen bei der personellen Organisation und der Aufgabenverteilung ebenso berücksichtigt werden wie und Leistungstiefs (14-16 Uhr und 2-4 Uhr). Auch die Gestaltung eines Wachzentrale trägt entscheidend zur Sicherheit bei: Bereits die ergonomische und optische Gestaltung der Skala eines Anzeigefeldes kann die Häufigkeit der Ablesefehler um den Faktor 70 verändern (!).

8.2
Technische Maßnahmen

Alle vorhandenen technischen Einrichtungen, die der Sicherheit dienen (Wassermelde-, Brandmelde und -schutz-, Klimaüberwachungs- und Einbruchmeldeanlagen, Zutrittskontrollsysteme usw.) sind einer regelmäßigen Inspektion bzw. Wartung zu unterziehen. Umfang und Häufigkeit dieser Untersuchungen sind produktspezifisch und werden maßgeblich vom Hersteller festgelegt. Nur durch derartige Kontrolluntersuchungen von qualifiziertem Personal läßt sich die Funktionsfähigkeit der sicherheitstechnischen Einrichtungen aufrechterhalten.

Instandhaltungskosten setzen sich aus schadenvorbeugenden (Inspektion, Wartung) und schadenbehebenden (Wiederherstellung des Sollzustands) zusammen. Sie reduzieren demnach Ausfalldauer und -wahrscheinlichkeit bzw. ermöglichen nach einem Schaden überhaupt den Wiederanlauf.

Wie jeder technischer Gebrauchsgegenstand, unterliegen auch sicherheitstechnische Einrichtungen der ständig fortschreitenden Entwicklung, die binnen kurzer Zeit auf vielen Gebieten zu immer neuen, anwenderfreundlicheren, sichereren und besseren Erkenntnissen führen; darüber hinaus unterliegen technische Produkte einer material-, benutzungs- und umgebungsbedingten Alterung. Das frühere hohe Schutzziel verliert demnach an Höhe und damit an Qualität, wenn nicht nachgebessert wird, denn auch die Anforderungen steigen mit der Einführung neuer, besserer Techniken. Folglich ist es nicht nur damit genüge getan, ein einmal angeschafftes Produkt auf dem anfänglichen Stand der Technik zu halten; sollten neue Entwicklungen sich als besser darstellen und damit Stand der Technik werden, so sind diese Produkte einzuführen. Beispielhaft hierzu sei das Zweimelderprinzip in der Brandmeldetechnik genannt, das dem Prinzip der früher in Hochsicherheitsbereichen üblichen Zweilinienabhängigkeit eindeutig überlegen ist. Heute hingegen führt die optimale Ausnutzung der elektronischen Möglichkeiten, kombiniert mit den aktuellen wissenschaftlichen Ergebnisssen und brandschutztechnischen Laborversuchen, zu weiter optimierten Auswerte-Algorithmen, die sowohl die Falschalarmwahrscheinlichkeit reduzieren, als gleichzeitig auch die Detektionswahrscheinlichkeit erhöhen.

Der für das Gebäude hauptverantwortliche Sicherheitsingenieur hat also die folgenden Punkte zu beachten, um den sicherheitstechnischen Stand der Technik des Gebäudes gewährleisten zu können:

◆ Regelmäßiges Schulen aller Mitarbeiter
◆ Revision aller technischen Einrichtungen
◆ Regelmäßiger Ist-Soll-Vergleich
◆ Permanente Aktualisierung seines Fachwissens
◆ Umsetzen der Ergebnisse und Erkenntnisse

9 Katastrophenvorsorge

Schadenfälle können sich unter bestimmten negativen Voraussetzungen zu Katastrophen entwickeln. Da das sofortige und richtige Handeln nach dem Eintritt eines Schadenfalls eintscheidend über Erfolg und Mißerfolg ist, sind Verhaltensweisen vorab festzulegen. Die Katastrophenvorsorge gliedert sich in drei Bereiche:

1. Menschliches Verhalten (Aktivitäten) während und nach einer Katastrophe zur Wiederherstellung des Ausgangszustands.
2. Überbrückung der Zeit von Ausfall bis zur Wiederherstellung.
3. Finanzierung der direkten und indirekten Kosten sowie der Folgekosten eines Schadenfalls.

Da ein größerer Schaden oder eine Katastrophe mit nachfolgender Unterbrechung auch mit den aufwendigsten sicherheitstechnischen Maßnahmen technischer und organisatorischer Art nicht mit 100 % Wahrscheinlichkeit ausgeschlossen werden kann, muß man sich vor Eintritt eines derartigen Ereignisses bereits in verschiedene Richtungen absichern.

So gilt es, einen praxisnahen Katastrophenplan zu Papier zu bringen, der laufend auf dem aktuellen Stand gehalten wird. Dieser Plan gibt die Schritte vor, mit welchen Methoden organisatorischer, personeller und technischer Art eine Unterbrechung provisorisch überbrückt und dauerhaft beseitigt werden kann.

Als Teil des Katastropenplans dient das Backup-Konzept; im Falle einer Unterbrechung muß eine geeignete Backup-Variante den Zeitraum überbrücken, in dem die Räumlichkeiten wieder in den ursprünglichen Zustand gebracht werden.

Um die direkten und indirekten Kosten zu minimieren, die bei und nach einer Katastrophe mit Betriebsunterbrechung entstehen, fällt letztlich noch der Themenkomplex „Versicherungskonzepte" in den Bereich Katastrophenvorsorge.

Die Abb. 5 hat eingangs gezeigt, daß es eine Vielzahl von Ereignissen innerhalb oder außerhalb geben kann, die direkt (z. B. Überschwemmung im RZ) oder indirekt (z. B. Ausfall von Teilen der peripheren technischen Infrastruktur) zu einem Schaden mit Unterbrechung des Betriebs führen können. Die Hauptgefahren sind:

- Feuer und Brandrauch
- Wasser
- Einbruch mit Diebstahl oder Sabotage/Vandalismus
- Ausfall der Klimatisierung
- Wassereinbruch, Überschwemmung
- Probleme mit der Stromversorgung

Deshalb berücksichtigen die Katastrophenvorsorgen auch alle denkbaren und möglichen Beschädigungs- und Ausfallarten, ungeachtet der dagegen getroffenen Vorsorgemaßnahmen: Im Katastrophenplan wird nicht auf einzelne Gefährdungen eingegangen, sondern lediglich auf das Verhalten nach dem Ausfall einzelner Bereiche oder des gesamten Bereichs; die Ausfallursache ist ohne Relevanz.

Gleiches gilt auch für die Backup-Konzepte. Wenn das RZ aus einem beliebigen Grund ausfällt, so ist der Backup-Anbieter bereit, nun gegen eine höhere als die im Normalbetrieb übliche Gebühr ein Backup-RZ gemäß den Vereinbarungen aufzustellen.

Ebenso verhält es sich mit den Versicherungen: Durch eine in der EDV-Branche übliche All-Risk-Versicherung sind alle Gefährdungen bis auf die explizit aufgeführten abgedeckt.

9.1
Katastrophenplan

Ein Katastrophenplan ist für jedes Rechenzentrum notwendig, unabhängig von der Größe. Der Katastrophenplan wird, wie auch der gesamte Sicherheitsplan, interdisziplinär erstellt. Daran beteiligt werden muß die RZ- und EDV-Leitung, der Werkschutz, die Sicherheitsfachkraft sowie weitere für die Sicherheit verantwortliche Mitarbeiter wie Werks- oder Betriebsfeuerwehr, Sicherheitsbeauftragter und der Betriebsarzt). Der Katastrophenplan soll interne (Abteilungsleiter,

9.1 Katastrophenplan

Geschäftsführung, Sicherheitsfachkräfte) und externe (Feuerwehr, Technisches Hilfswerk, Krankenhaus, Gewerbeaufsicht, BG, TÜV, Polizei, Versicherungsgesellschaften, Stadtwerke für Strom, Wasser, Gas und Post, technische Zulieferfirmen, Architekturbüro usw.) Telefonnummern und Namen/Anschriften beinhalten.

Der Katastrophenplan soll neben den RZ-spezifischen Belangen (Stromausfall, Klimatechnik, Brand, Vandalismus) die folgenden Punkte beinhalten:

- Brandschutzübungen
- Backup-Pläne
- Zentrale Notrufstellen
- Hauptschalter für Strom
- Hauptabsperrschieber für Gas und Wasser
- Lage und Anzahl der Wandhydranten
- Lage, Art und Anzahl der Handfeuerlöscher und Löschgeräte
- Sanitäts- und Verbandräume
- Sammelplatz für Mitarbeiter
- Besondere Gefahrenstellen
- Gefährliche Lager
- Schutz der Mitarbeiter
- Schutz der Anlage und der Software
- Rechtzeitiges Einleiten vorbeugender Maßnahmen
- Schadenminimierung durch Sofortmaßnahmen
- Schneller Wiederanlauf für Backup und Normalbetrieb
- Bildung von Sicherheitsbewußtsein der Mitarbeiter
- Sicherheitsgerechte Schulung der Mitarbeiter

Die Grundlage für die Erstellung eines Katastrophenplans ist die Beschaffung von Basisdaten:

- Betriebszweck
- Anlagenart mit technischen Beschreibungen
- Gefährdungsanalysen
- Störfallanalysen, so vorhanden bzw. Pflicht
- Auswirkung von schädlichen Ereignissen
- Einsatzplanung
- Schwachstellen
- Personelle Betriebsorganisation

◆ Organisatorische Betriebsführung
◆ Übersichtliche und detailierte Lagepläne

Die Brandschutzordnung soll auf der DIN 14096 und der Brandschutzplan auf der DIN 14095 beruhen; Flucht- und Rettungswegpläne sind nach der ArbStättV 35 zu gestalten. Das Verhalten im Brandfall ist prinzipiell in allen menschlichen Bereichen sowie international gleich:

◆ Menschen retten
◆ Sachwerte schützen
◆ Entstehungsbrände mit geeigneten Feuerlöschern bekämpfen
◆ Brand melden

Hinzu kommen in Spezialbereichen wie Metallbränden noch zusätzliche Empfehlungen.

Ein Katastrophenplan ersetzt weder Sicherheitsmaßnahmen, noch beseitigt er mögliche Folgen. Wichtig ist ein stets verfügbarer und einmal oder zweimal jährlich aktivierter Katastrophenplan, der im Notfall den schnellen Systemanlauf garantiert.

Nach einer Katastrophe werden die folgenden externen Fachleute und Behörden aufgefordert oder auch die Pflicht haben, ihren Beitrag zur Erkundung der Schadenursache und zur Schadenminimierung beizutragen:

◆ Gutachter von Versicherungen und/oder Behörden
◆ Rechtsanwälte
◆ Entsorgungsunternehmen
◆ Behörden
◆ Feuerwehr
◆ Polizei/Kriminalpolizei

Ein Sicherheitsplan bzw. eine Katastrophenschutzorganisation handeln aber auch die folgenden Punkte ab:
◆ Organisation
◆ Bedrohungsanalysen:
  – Einbruchdiebstahl
  – Überfall
  – Feuer und Explosion sowie Löschmittelarten

- Chemische Reaktionen und Toxizität
- Umweltbeeinträchtigungen
- Stromausfall
- Bombendrohungen
- Gesundheitsgefahren
- Einsturzgefahren
◆ Mechanische Sicherungsmaßnahmen
◆ Bauliche Maßnahmen
◆ Elektronische Sicherungsmaßnahmen
◆ Personelle Sicherungsamaßnahmen
◆ Art der Auswertung der eingegangenen Meldungen
◆ Personelle Reaktionen auf die eingegangenen Meldungen
◆ Automatische Reaktionen auf die eingegangenen Meldungen

9.2 Backup-Konzepte

Von einem internen Backup spricht man bei großen Zentraleinheiten, die so ausgelegt sind, daß ein gewisser Teil davon ausfallen kann, ohne die Datenverarbeitung zu unterbrechen.

Abgesehen von Performance-Verlusten merkt der Anwender von Störungen wenig. Bei Doppelrechnersystemen kann für den Anwender völlig unbemerkt zwischen zwei CPU umgeschaltet werden.

Diese Systeme bieten eine Redundanz vor Ort und werden gelegentlich als internes Backup bezeichnet und haben das Ziel, die Systemverfügbarkeit (wahrscheinlicher Nutzungsgrad) zu erhöhen.

Backup will jedoch etwas anderes. Kommt eine Störung von außen, etwa durch Feuer, Wasser oder Sabotage, wäre ein redundant ausgelegtes System in seiner Gesamtheit betroffen. Ausfallsicher sind redundante Systeme demnach nicht. Nur externes Backup kann das verbleibende Risiko nahezu vollständig reduzieren.

Das kalte Backup-RZ stellt die kostengünstigste Lösung dar. Es handelt sich hierbei um einen Raum in der erforderlichen Größe, der mit allen infrastrukturellen Einrichtungen, wie z.B. Klimaanlage, Doppelboden, Netzzuleitung und eventuell Datenleitungsverteiler, ausgestattet ist. Es muß auch auf die Stellfläche für die EDV-Anlage, die Raumhöhe, die Tragfähigkeit des Bodens, die Transportwege und auf Sicherheitssysteme (Gefahrenmelder und Zugangskontrolle) geachtet werden, und eventuell ist eine spezielle Stromversorgung (z. B. 400 Hertz-

Generator) und ein Kaltwassersatz für wassergekühlte Rechner notwendig. Die Beschaffung von Ersatzgeräten und Systemen muß bei der Entscheidung zum „kalten Backup" vorher genau überdacht werden.

Ein Raum kann an beliebiger Stelle, auch im eigenen Werks- oder Verwaltungsbereich liegen, jedoch nicht im gleichen Gefahrenbereich wie das Rechenzentrum selbst. Er kann zwischenzeitlich auch anderweitig, z. B. als Lager oder Kantine, genutzt werden. Im Katastrophenfall muß er schnell geräumt werden können. Wichtig ist, daß die technischen Einrichtungen - auch wenn sie nicht benutzt werden - laufender Wartung unterliegen. Außerdem lassen sich die Kosten reduzieren, wenn mehrere Anwender diesen Raum gemeinschaftlich unterhalten. In vielen Fällen kann auch das zu klein gewordene, alte Rechenzentrum als Notrechenzentrum verwendet werden.

Eine andere Möglichkeit stellen die mobilen Rechenzentren dar. Es handelt sich dabei um transportable Container, Hallen oder Fertiggebäude, die im Katastrophenfall vor Ort meist auf dem Firmengelände, z. B. auf dem Parkplatz, innerhalb weniger Tage aufgebaut werden. Sie verfügen über alle wichtigen infrastrukturellen Einrichtungen: Wie Stromversorgungsanlagen, Klimaanlage, Brand- und Einbruchmeldeanlage und Kommunikationssysteme. Bei Bedarf können die mobilen Rechenzentren mit DFÜ-Steuereinheiten, Modems und Multiplexer ergänzt werden.

Die Aufbauzeit ist je nach Größe 24 Stunden bis 120 Stunden, inkl. Anfahrtszeit. Der Zeitfaktor für die Anfahrt und den Aufbau der EDV-Geräte muß aber für den Wiederanlauf mit eingerechnet werden.

Die Investitionskosten für diese Lösung sind relativ niedrig, es fallen nur geringe Vorhaltekosten an. Im Nutzungsfall sind dann jedoch entsprechend hohe Mietkosten zu entrichten. Nachteil der kalten Rechenzentren ist die relativ lange Aufbauphase (ca. 5–10 Tage), die Hardware-Beschaffung und geringe Möglichkeiten für Katastrophenübungen.

Das warme Backup-Rechenzentrum verfügt im Gegensatz zum kalten RZ über kompatible Hardware. Es werden in der Regel zwar Anwendungen auf dieser Hardware gefahren; die aber kann man im Katastrophenfall reduzieren oder auch ganz absetzen. Als warmes Backup kann z. B. das eigene Testrechenzentrum oder das RZ einer befreundeten Firma, die über kompatible Hard- und Software und ausreichenden Hardware-Redundanz verfügt, in Betracht kommen; es ist jedoch eher im theoretischen, unwahrscheinlichen Bereich, daß

9.2 Backup-Konzepte

dies tatsächlich funktioniert. Hierbei ist ein enger und regelmäßiger Abstimmungsprozeß erforderlich, da schon geringe Systemänderungen gravierende Folgen haben können. Eine derartige gegenseitige Nutzung des Rechenzentrums sollte vertraglich geregelt werden, damit es bei einem längeren Katastrophenfall nicht Auseinandersetzungen über Nutzungszeit und Nutzungsdauer gibt. Außerdem sollte in diesem Vertrag eine Definition des „Katastrophenfalls" enthalten sein und auch eine Vereinbarung über die Nutzung der Übertragungswege.

Die Vorteile dieser Lösung sind die relativ kurze Übernahmezeit, die „warm" gehaltene Hardware und die geringen Kosten (ca. 10 % der EDV-Kosten). Ferner besteht die Möglichkeit realistische Katastrophenübungen durchzuführen. Nachteil dieser Lösung ist die Abhängigkeit von der Hardware-, Software- und Organisationskapazität des Partners und gewisse Einschränkungen bei eigenen Systemänderungen. Da beim Partner nur die Restkapazität genutzt wird, kann es bei längeren Backup-Zeiten zu problematischen Engpässen kommen.

Eine weitere Variante bieten EDV-Hersteller oder kommerzielle Backup-Anbieter mit einem Service-RZ. Diese Firmen unterhalten ein warmes Backup-RZ für ihre Kunden. In diesem Fall wird zwischen Anwender und Backup-Anbietern eine Vertrag mit dem Ziel geschlossen, im Katastrophenfall dem betroffenen Anwender in der vereinbarten Zeit und für bestimmte Dauer ein Backup-Rechenzentrum mit entsprechender Hardware zur Verfügung zu stellen. Dafür muß der Anwender eine laufende Vorhaltegebühr und im Nutzungsfall eine entsprechende Nutzungsgebühr bezahlen. Die Höhe der Gebühren richtet sich im wesentlichen nach der erforderlichen Hardware.

Vorteil dieser Lösung sind die schnelle Verfügbarkeit des Rechenzentrums, die maßgeschneiderte Hardware-/Software-Konfiguration und die Übungsmöglichkeiten.

Von einigen Herstellern kleinerer Systeme werden komplette EDV-Anlagen in speziellen Containern aufgebaut und dem Anwender auf seinem eigenen Gelände zur Verfügung gestellt.

Das heiße Backup-Rechenzentrum ist die optimale, aber auch die kostenintensivste Form von Backup-RZ. In diesem Fall wird ein redundantes Rechenzentrum mit kompletter Hardware vorgehalten. Es erfolgt eine Rechner-Rechner-Koppelung, das Datenbanksystem ist mit allen relevanten Daten geladen. Es findet idealerweise zwischen beiden Anlagen ein permanenter Datentransfer statt. Wichtig dabei

Tabelle 16 Backup-Varianten, Wiederanlaufzeiten und Kostenrelation

Variante	Wiederanlaufzeit	Vorhaltekosten
„nichts tun"	viele Wochen	0
kalt	Wochen	1
warm	Tage	10
heiß	Stunden	100

ist, daß beide Rechenzentren in unterschiedlichen Gefahrenbereichen installiert sind. Ein reines Hardware-Backup, z. B. ein Duplex-System im selben Maschinenraum oder im selben Gebäude, kann nicht als echtes Backup-RZ angesehen werden: Durch ein einziges Schadenereignis, z.B. Brand, können beide EDV-Anlagen gleichzeitig zerstört werden. Bei Unternehmen, die über mehrere Rechenzentren verfügen, ist auch eine doppelte oder mehrfache Datenhaltung möglich und eine Verteilung der Anwendungen auf verschiedene Rechenzentren.

Basis für die Entscheidung für eines der Konzepte (kalt, warm, heiß, oder auch dazu „nichts" zu tun, ist die Festlegung einer für das Unternehmen maximal tolerierbaren Wiederanlaufzeit. Wird sie ausfallbedingt überschritten, sind die zu erwartenden Schadenfolgekosten höher, als das Unternehmen zu tragen in der Lage ist. Die tolerierbare Stillstandszeit der EDV-Anlage wird klarerweise umso geringer sein, je höher die Integration der Anlage in sämtliche Bereiche der betrieblichen Leistungserstellung ist. Sie scheidet Backup-Varianten aus, die eine geringere Verfügbarkeit aufweisen und macht gleichzeitig Varianten mit kürzerer Wiederanlaufzeit unwirtschaftlich. Vereinfacht lassen sich die benötigten Zeiten und Kosten der verschiedenen Backup-Varianten wie in der vorhergehenden Tabelle 16 aufgelistet darstellen.

Welches Backup-Konzept im Einzelfall auch das jeweils ideale sein mag, entscheidend sind regelmäßige Wiederanlauftests; nur so ist sicherzustellen, daß ein nahezu reibungsloser Ablauf möglich ist.

9.3 Versicherungskonzepte für Hochsicherheitsbereiche

Jeder Versicherungsnehmer muß sich die folgende Frage beantworten: Bin ich bereit, Risiken zu tragen, wenn ja, bis zu welchem finanziellen Limit, wie weit und welche Risiken decke ich ab, was bin ich bereit, dafür an Zeit, Geld und Manpower zu investieren?

9.3 Versicherungskonzepte für Hochsicherheitsbereiche

Da größere Schäden bzw. Katastrophen auch mit den aufwendigsten sicherungstechnischen Maßnahmen nicht mit absoluter Wahrscheinlichkeit zu verhindern sind, empfiehlt sich der Abschluß von Versicherungsverträgen; dadurch wird das nicht kalkulierbare Rest- bzw. Grenzrisiko gegen eine überschaubare und kalkulierbare Summe abgegeben. So hat in einem Schadenfall eine Bombe in einem Rechenzentrum 2 Mio. DM Schaden und 10 Mio. DM Folgeschaden angerichtet (beide versichert), bei einer etwas größeren Bombe wäre das gesamte Gebäude und damit das gesamte Unternehmen zerstört gewesen.

Konventionelle Versicherungssparten wie beispielsweise die Feuerversicherung oder die BU-Versicherung können dem Anspruch einer EDV-Versicherung nicht genügen, deshalb haben die Versicherungskonzerne Spezialversicherungen entwickelt, die über den herkömmlich bekannten Schutz hinaus Deckung gewähren.

Üblicherweise gewähren Versicherungsverträge Schutz gegen die im Vertrag aufgelisteten Gefährdungen; grobe Fahrlässigkeit, einfacher Diebstahl, Überspannungen und anderes mehr sind normalerweise nicht mitversichert. Die sog. Schwachstromversicherungen jedoch gewähren Schutz gegen alle Arten von Gefährdungen, explizit die im Vertrag aufgeführten Ausnahmen (Abnutzung, Vorsatz der Versicherungsnehmers, Kernenergieschäden, Erdbeben und Krieg); dadurch entsteht ein wesentlich erweiterter Deckungsrahmen, die sog. All-risk-Versicherung.

Die Sachversicherung deckt alle Schäden an elektrischen und elektronischen Geräte einschließlich aller zentral oder peripher vorhandener Geräte, der technischen Infrastruktur (Klimaanlagen, Stromversorgung) und käuflich erworbener Programme. Sollten gewisse Risiken bereits durch andere Verträge abgedeckt sein, sind sie gegen eine Prämienreduzierung aus dem Vertrag herauszunehmen; dies gilt auch, wenn bestimmte elektronische Geräte geleast sind und der Leasingvertrag bereits einen Versicherungsschutz beinhaltet.

Eine Datenträgerversicherung ersetzt die (meist geringen) Kosten des Datenträgermaterials ebenso wie die (meist hohen) Kosten zur Rekonstruktion der Daten, wenn diese durch einen beliebigen Sachschaden verloren gehen oder beschädigt werden.

Da oft höhere Unterbrechungskosten als Sachkosten bei einem Schaden anfallen, gibt es auch eine Betriebsunterbrechungs-Versicherung für elektronische Geräte. Hierbei ist es nicht von Bedeutung, ob ein Rechner, die Stromversorgung oder die Klimatisierung ausfallen. Entschädigung wird für entfallenen Betriebsgewinn und fortlaufende Kosten gezahlt. Betriebsunterbrechungen, die durch Sachschäden an Datenträgern hervorgerufen werden, sind hierbei nicht gedeckt.

Eine Mehrkostenversicherung deckt alle zusätzlich anfallende Kosten nach einem Sachschaden wie:

◆ Benutzung einer Fremdanlage
◆ Anwendung anderer Arbeitsverfahren
◆ Zusätzliche Dienstleistungen
◆ Transport- und Programmierkosten

Auch hier sind Sachschäden an Datenträgern als Folge nicht mit versichert.

Die Computer-Mißbrauchversicherung ist eine Vertrauensschadenversicherung gegen kriminelle Handlungen von Mitarbeitern, die diesen Schaden an der oder mit Hilfe der EDV-Anlage erzeugt haben:

◆ Schädigen des Versicherungsnehmers durch Löschen oder Manipulieren an Daten
◆ Datendiebstahl
◆ Bereicherung an Vermögenswerten unter Zuhilfenahme der EDV-Anlage

Über die Elektronikversicherung hinaus sind jedem Unternehmen die konventionellen Versicherungsverträge anzuraten (Sachversicherung, Betriebsunterbrechung, Haftpflicht und Transport).

Den Anforderungen an einen Hochsicherheitsbereich gerecht können die versicherungstechnischen Auflagen nicht genügen, denn für die meisten der finanziell stark belastenden Aufwendungen (Überspannungsschutz, Zutrittskontrollsystem, technische Redundanzen usw.) gibt es keine oder nur geringe Rabatte, die in keiner Relation zu deren Anschaffung stehen. Sollten an einem RZ beispielsweise 1.000 Bildschirme (d. h. 1.000 Arbeitsplätze) hängen, so lassen sich die direkten Kosten für jede ausgefallene Stunde und Minute genau berechnen; darüber hinaus entstehen auch indirekte Kosten und Folgekosten bei einem Ausfall, die noch zu addieren sind. Wird die Arbeitsstunde mit durchschnittlich 65.- DM angesetzt, so kostet jede Stunde, die der Dialog zur Zentrale unterbrochen ist allein an Arbeitszeit, 65.000.- DM, ein Tag mit 8 Stunden demnach 520.000.- DM und eine Woche 2,6 Mio. DM. Ein längerfristiger Ausfall, der bei fehlenden sicherheitstechnischen Vorkehrungen denkbar und möglich ist, bringt Arbeitsausfallkosten von über 30 Mio. DM je Quartal mit sich, abgesehen von allen anderen wirtschaftlichen Folgen eines Totalausfalls: Sollten gewisse Unternehmen wie Banken oder Versicherungen nicht binnen weniger Tage wenigstens einen Notbetrieb wieder aufnehmen können, droht der finanzielle Ruin.

Für ein wirklich gut gesichertes Gebäude, das auch nach einem Schaden nicht oder nur kurzfristig in seiner Funktion ausfallen darf, sind demnach finanzielle Aufwendungen in der Größenordnung von mehreren Mio. DM für sicherheitstechnische Einrichtungen und deren Erhalt weder unüblich noch überzogen. Wichtig dabei ist jedoch, daß jeder größere Betrag, der für derartige Einrichtungen ausgegeben wird, auch sicherheitstechnisch begründbar und damit vertretbar ist.

10 Schlußworte und Aussicht

Es gibt eine ganze Reihe von wissenschaftlichen, weitgehend objektivierten und nichtwissenschafftlichen Analysemethoden in der technischen Welt; ein- bis zweimal im Jahr gibt es eine neue Norm, eine DIN, oder ein universitäres Institut bringt eine neue Methodik heraus, mit der technische Risiken analysiert, qualifiziert und ggf. auch quantifiziert werden können. Die meisten dieser Methoden sind auf ganz spezielle Bereiche abgestimmt, so wie auch die in diesem Buch vorgestellte Methode: Die Verknüpfung eines bewerteten Fragenkatalogs/einer Checkliste mit unterschiedlich gelagerten Gefahren und dagegen getroffenen Vorsorge- und Gegenmaßnahmen erweist sich als praxisbezogen, anwendbar und sinnvoll. Hierdurch wird keine rein wissenschaftliche Arbeit geleistet, deren Nutzen fragwürdig ist, sondern dem Anwender wird ganz konkret aufgezeigt, wo in seinem speziellen Fall Mängel und Lücken im Schutzkonzept sind und welche Maßnahmen diese Gefährdungen reduzieren helfen können.

Es sind in jedem Einzelfall viele Parameter entscheidend, die zum optimalen Schutzkonzept passen; so gehören die finanziellen Möglichkeiten sicherlich zu den wichtigsten Kriterien, aber auch die Bedeutung der Daten sowie die Wiederbeschaffung von Daten, Hard- und Software. Gerade in der schnellebigen Computer-Branche, wo es immer kleinere und leistungsfähigere Computer gibt, kann man Entwicklungen erleben, die man noch Monate zuvor für unmöglich gehalten hat: Zentralisierungen, Dezentralisierungen, Umstellung auf Kaltwassersätze oder hin zu Anlagen, die überhaupt nicht mehr klimatisiert werden müssen usw. Viele Computeranlagen haben auch kaum noch Lieferzeiten, insofern mag die Bedeutung von Backup-Anlagen relativiert werden, da Ersatzanlagen schnellstens zur Verfügung stehen. Viren und andere aggressive Angriffsmöglichkeiten hingegen sind immer latent vorhanden und gegen diese sind entsprechende technische, aber auch personelle Schutzmaßnahmen zu treffen.

Möge dieses Buch bei möglichst vielen Unternehmen dazu beitragen, daß es zu keinen Computerausfällen kommen wird und wenn, dann zu möglichst geringen Schäden bzw. möglichst kurzen Unterbrechungen.

Der Autor ist Inhaber des Ingenieurbüro für Sicherheit in München, er und sein Team stehen neben allgemeinen sicherheitstechnischen Unternehmensberatungen auch für Brandschutz-, Einbruchschutz- und EDV-/RZ-Sicherheitsberatungen (Analyse, Beratung, Neubau, Umbau) zur Verfügung.

DER AUTOR   APRIL 1998

Sachverzeichnis

A
Abdeckplanen 148
Abfallbehälter 116
abhörsichere Räume 185
Abschottungen 116
All-risk-Versicherung 223
Argon 100
Atemschutzgeräte 119
Augenhintergrundidentifikation 70
Ausfalleffektanalyse 46
Ausfallursache 21, 45
Außenbeleuchtung 75
Außenhautüberwachung 65

B
Backup 13
-, heißes 174
-, internes 173
-, kaltes 173
-, warmes 174
Bauphase 198
Bedienungsfehler-Analyse 46
Bedrohungspotential 46
Berechtigungsebenen 83
Beurteilungskriterien 194
Beurteilungspunkt 191
biometrische Zutrittskontrollsysteme 67
Blitzableiter 37
Blitzeinschlag
-, direkter 152
-, indirekter 152
Blitzschlag 33
Blitzschutz-Zonenkonzept 155

Bodenstützen 124
Bodentragfähigkeit 184
Brand 25
Brandfrüherkennungssystem 31
Brandgase 88
Brandlasten 92, 115
Brandmelder 95
Brandmelder-Paralleltableau 99
Brandrauch 31
Brandschutzkonzept 177
Brandschutzplatten 104
Brandschutztüren 105

C
CO_2-Anlagen 100
Computermißbrauchsversicherung 188, 224
Containerbackup 174
CPU-Raum 122

D
Datenarchiv 172
Datenauslagerungsräume 86
Datensicherung 169
Datensicherungsschränke 177
Datenträgerversicherung 223
Datenverlust 168
Deckenverkleidungen 108
Diebstahl 21
direkter Blitzeinschlag 152
Durchreichen 116

E

EDV-Totalausfall 4
Einbruch/Diebstahl 23
einbruchhemmende Verglasungen 74
Einbruchmeldeanlage 78
Einspeisungen 159
Eintrittswahrscheinlichkeiten 13
Elektrogeräte 29
Elektrohauptverteilung 36
Elektronik 64
Elektronikversicherung 188
Erdleitung 134
Erdrutsch 41
Erlaubnisschein für feuergefährliche Arbeiten 187
Etagen-Unterverteilung 36

F

F 90 115
fahrbare Löscher 86
Fahrlässigkeit 21, 39, 171, 210
Fehlerbaumanalyse 46
Feinschutz 37
Feststelleinrichtungen 105
Feuer-Betriebsunterbrechung 107
Fingerabdruckmessung 70
Flachdächer 33
Folgeschäden 88
Freileitung 134
Frischluftanteil 142

G

Gasexplosion 29
Gasleitungen 185
Gebäudeblitzschutz 37
Gefährdungsgrenze 6
Gefahrenbereiche 2, 75
Geländeüberwachung 65
Gesamtbeurteilung 191
Grobschutz 37

H

Hagel 41
Halon-Verbot 100
Handfeuerlöscher 86
Handgeometriemessung 70
HAZOP-Analyse 46
heißes Backup 174

I

indirekter Blitzeinschlag 152
Inergen 100
Innenraumüberwachung 77
internes Backup 173

K

Kabeltrasse 92
kaltes Backup 173
Kaltwassersatz 139
Kameraüberwachung 77
Kapselung 109
Katastrophe 202
Katastrophenpläne 5, 215
Katastrophenvorsorge 215
Klimaanlagen 126
Klimaanlagen-Überwachungsanlagen 126
Klimakanäle 126
Klimakanalisolationen 109
Klimakanalklappen 111
Klimatisierung 32, 126
Klimawertkontrolle 140
Kontamination 107
Korrosion 31

L

Löscher, fahrbare 86
Löschleitungen 100
Löschmittel 31
Löschwasser 42, 143
Löschmitteleinlaßöffnungen 118, 121
Luftansaugstellen 76, 78

M

Mechanik 63

Sachverzeichnis

N
Nebelanlagen 61
Niederspannungshauptverteilung 36

O
Objektmelder 96

P
Papierlager 109
Potentialausgleich 37

R
Rauch- und Wärmeabzugsanlagen 96
rauchdicht 115
Raucherräume 112
Rauchmelder 95
Rauchverbot 112
Räume, abhörsicher 185
Raumentfeuchter 122
Rechenzentrums-Benutzerordnung 202
Redundanzen 11, 13
Reinigungsmaterialien 108
Rettungswege 185
Risikoanalyse 15
Risikobewältigung 55
Roboterraum 178
Rohrleitungsbruch 143
Rückkühleinheiten 126
Rundgänge 80, 135

S
Sabotage 21
Sabotageakte 12
Sabotageanschläge 63
Schäden 5
Schadstoffemission 42
Schleuse 70
Schutzgrad 11
Schutzkonzept 17
Schutzwirkung 11
Schwachstelle 191

Schwachstromversicherungen 223
Sicherheit 11
Sicherheitsbedürfnis 1
Sicherheitseinrichtungen 5
Sicherheitsfachkraft 52
Sicherheitskonzepte 5
Sicherheitsmaßnahmen 4
Sicherheitsplan 53
Sicherheitszonen 82
Sicherungsdaten 170
Spannungsgleichrichter 150
Spannungsschwankungen 149
Sprinklerung 35
Sprengstoffattentate 25
Statistiken 21
Staubgefahr 184
Störfallablaufanalyse 46
Störungs-Auswirkungs-Analyse 46
Stromhauptleitung 159
Stromversorgung 149
Sturm 41

T
T 90-Türen 115
Temperaturänderungen 131
Türen, einbruchhemmend 74

U
Überschwemmung 35
Überspannungen 21
Unternehmensrisiken 1
USV 19
USV-Anlage 36

V
Vandalismus 23, 61
Verglasungen, einbruchhemmend 74
Verkabelung 90
Verrauchungsschäden an Datenträgern 92
Versorgungsleitungen 76
Video-Sprechanlage 74
Vieraugenprinzip 83

W

Wachpersonal 63
Wandhydranten 86
Wandverkleidungen 108
warmes Backup 174
Wassereinbruch 34
Wasserleitungen 147
Wassersammelstellen 148
Wasserversorgung 143
Werkfeuerwehr 117
Werkschutz 66

Wiederaufbaubeschränkungen 124
Wirtschaftlichkeit 53

Z

Zäune 60
Zaunmeldesystem 77
Zündquellen 92
Zutrittskontrollsysteme 61
-, biometrische 67

Springer und Umwelt

Als internationaler wissenschaftlicher Verlag sind wir uns unserer besonderen Verpflichtung der Umwelt gegenüber bewußt und beziehen umweltorientierte Grundsätze in Unternehmensentscheidungen mit ein. Von unseren Geschäftspartnern (Druckereien, Papierfabriken, Verpackungsherstellern usw.) verlangen wir, daß sie sowohl beim Herstellungsprozess selbst als auch beim Einsatz der zur Verwendung kommenden Materialien ökologische Gesichtspunkte berücksichtigen.

Das für dieses Buch verwendete Papier ist aus chlorfrei bzw. chlorarm hergestelltem Zellstoff gefertigt und im pH-Wert neutral.

MIX
Papier aus verantwortungsvollen Quellen
Paper from responsible sources
FSC® C105338

If you have any concerns about our products,
you can contact us on
ProductSafety@springernature.com

In case Publisher is established outside the EU,
the EU authorized representative is:
**Springer Nature Customer Service Center GmbH
Europaplatz 3, 69115 Heidelberg, Germany**

Printed by Libri Plureos GmbH
in Hamburg, Germany